Nuovi Saggi Bollati Boringhieri

47

Steven S. Gubser e Frans Pretorius

I buchi neri

Traduzione di Laura Servidei

Bollati Boringhieri

Prima edizione aprile 2018

Titolo originale *The Little Book of Black Holes*

Torino, corso Vittorio Emanuele II, 86
Gruppo editoriale Mauri Spagnol
ISBN 978-88-339-2974-3

www.bollatiboringhieri.it

Stampato in Italia da Grafica Veneta S.p.A. di Trebaseleghe (PD)

Anno			Edizione					
2021	2020	2019	2	3	4	5	6	7

Indice

Prefazione

Era il 14 settembre 2015, quasi cent'anni esatti dopo la formulazione della teoria della relatività generale da parte di Albert Einstein. Si stava ultimando la preparazione di due enormi rilevatori, uno in Louisiana e uno nello stato di Washington, per una prova di rilevazione di onde gravitazionali. All'improvviso arrivò, del tutto inaspettato, un «cinguettio» particolare, rilevato dagli strumenti. Se fosse stato un suono, sarebbe stato un tonfo sordo, molto debole.

Cinque mesi dopo, a seguito di attente analisi dei dati registrati dagli strumenti, l'osservatorio a interferometria laser per le onde gravitazionali (LIGO) annunciò pubblicamente i risultati. Quel cinguettio era esattamente il tipo di segnale che si sperava di rilevare. Era la lontana eco della collisione di due buchi neri che si fondevano in un unico buco nero più grande. L'annuncio entusiasmò la comunità scientifica: era come se, dopo aver vissuto tutta la vita in bianco e nero, in quell'istante il velo si fosse alzato e, per la prima volta, avessimo potuto ammirare una rosa in tutto il suo splendore.

E che rosa! La valutazione di LIGO indicava che il tonfo sordo registrato era il risultato della fusione di due buchi neri avvenuta più di un miliardo di anni fa, ognuno dei quali aveva una massa pari a circa trenta volte quella del Sole. Durante la collisione, l'energia corrispondente a circa tre masse solari si era vaporizzata sotto forma di radiazione gravitazionale.

I buchi neri e le onde gravitazionali sono entrambi conseguenze della teoria della relatività generale, la quale prevede che tipo di onde gravitazionali si dovrebbe rilevare nel caso di una collisione; il cinguettio del 14 settembre 2015 fu splendidamente coerente con le previsioni teoriche. Questo primo rilevamento non fu solo la conferma di teorie in cui si credeva fermamente, ma rappresentò l'alba di una nuova era dell'astronomia. I rilevatori di LIGO videro un evento che si sognava da anni; ora vogliamo esplorare tutte le sorprese gravitazionali nascoste in questa nuova area di ricerca.

La scienza raramente comporta certezze matematiche, quindi dovremmo chiederci: quanto siamo sicuri che la perturbazione rilevata da LIGO sia veramente l'eco lontana di una fusione di buchi neri avvenuta un miliardo di anni fa? In breve, la risposta è «abbastanza sicuri». Tutto torna. Il segnale fu rilevato da entrambi i dispositivi. Nient'altro che potesse spiegare quel segnale stava succedendo nei dintorni. Era abbastanza potente da venire osservato dai rilevatori moderni, ma troppo debole per i dispositivi tecnologicamente più datati. L'ipotesi di una fusione di buchi neri avvenuta un miliardo di anni fa non è in contraddizione con la nostra attuale comprensione dell'astrofisica e della cosmologia. Il punto chiave è che abbiamo buone speranze di vedere altri eventi simili. Anzi, LIGO ha confermato un secondo evento avvenuto il giorno di Natale del 2015, e un terzo il 4 gennaio 2017. Entrambi sono in gran parte confrontabili con la prima scoperta e rappresentano una significativa conferma del fatto che LIGO sta effettivamente osservando collisioni di buchi neri. In sostanza, siamo fiduciosi di essere all'inizio di una nuova era dell'astrofisica sperimentale, un'era in cui i buchi neri giocheranno un ruolo chiave.

In questo libro descriviamo i buchi neri, sia come oggetti astrofisici, la cui esistenza è ora quasi al di là di ogni dubbio, sia come laboratori teorici in cui affinare la nostra comprensione, non solo della gravità, ma anche della meccanica quantistica e della termodinamica. Una panoramica sulla relatività ristretta e quella generale prepara il terreno, nei capitoli 1 e 2. Poi, nei capitoli successivi, procediamo a esaminare i buchi neri di Schwarzschild, quelli rotanti, le collisioni tra buchi neri, la radiazione gravitazionale, la radiazione di Hawking e la perdita di informazione.

Ma cos'è un buco nero? Essenzialmente, è una regione di spaziotempo verso la quale la materia è attratta, e da cui è impossibile sfuggire. Concentriamo la nostra analisi sui buchi neri più semplici, quelli di Schwarzschild, così chiamati in onore del loro scopritore, Karl Schwarzschild. «Chi troppo in

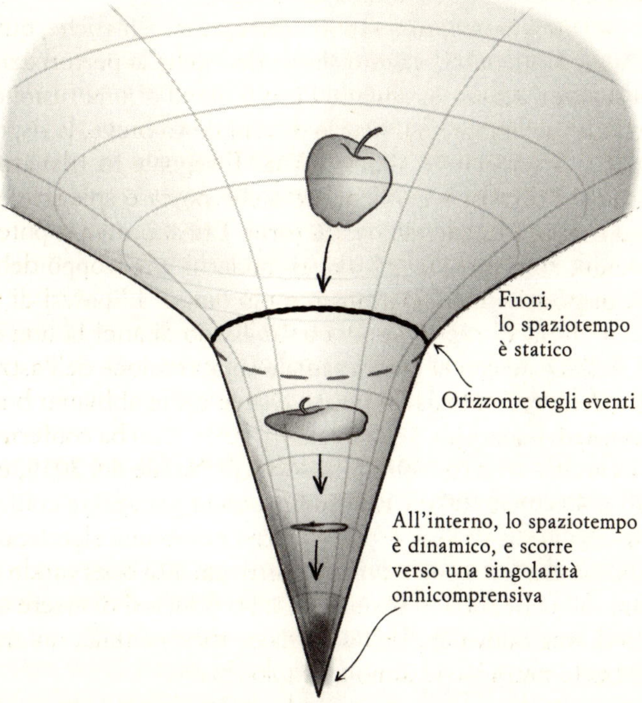

Figura 0.1
Sezione aperta di una rappresentazione schematica della geometria di un buco nero. Lontano dall'orizzonte, lo spaziotempo è piatto. Muovendosi verso l'orizzonte, diventa sempre più curvo, ma è ancora statico, cioè indipendente dal tempo. Una volta attraversato l'orizzonte, però, lo spaziotempo diventa molto dinamico: con lo scorrere del tempo, due dimensioni spaziali (a geometria sferica) sono compresse, mentre la terza (non mostrata nel disegno) si allunga, fino a che tutto lo spazio si schiaccia e si stira in una singolarità infinitamente lunga e sottile.

alto sal cade sovente precipitevolissimevolmente» dice il vecchio adagio, ma all'interno di un buco nero di Schwarzschild l'adagio è molto più categorico: non si sale mai, si cade precipitevolissimevolmente e basta. Però non siamo sicurissimi di dove si vada a finire. L'ipotesi più semplice, date le strutture matematiche a sostegno dei buchi neri di Schwarzschild, è che un tremendo nucleo di materia, infinitamente compresso, stia al centro del buco nero. Una collisione con questo nucleo è la fine di tutto, perfino del tempo. Un'ipotesi difficile da verificare, perché nessun osservatore che entri in un buco nero potrà mai uscirne e raccontarci cos'ha visto.

Prima di iniziare l'esplorazione dei buchi neri di Schwarzschild in dettaglio, facciamo un passo indietro e consideriamo la gravità nelle sue forme più deboli. Dalla superficie della Terra, se lanciamo un oggetto verso l'alto con velocità sufficiente, continuerà a muoversi nella stessa direzione per sempre. La velocità minima per cui questo accade è la velocità di fuga, che, trascurando l'attrito dell'aria, è circa 11,2 km/s. Per fare un paragone, è difficile per un essere umano lanciare una palla a più di 45 m/s, cioè meno della metà dell'1% della velocità di fuga. La velocità di una pallottola che esce da un fucile di precisione è circa 1,2 km/s, quindi un po' più del 10% della velocità di fuga. Questa è la ragione per cui, nel vecchio adagio, chi sale in alto cade: la gravità della Terra è potente, a confronto con la forza che si riesce a impartire agli oggetti con mezzi ordinari.

La missilistica è il sistema moderno per sottomettere la gravità della Terra e mandare oggetti nello spazio. Per sfuggire alla gravità terrestre, non è strettamente necessario che un razzo vada più veloce di 11,2 km/s (sebbene alcuni razzi superino questa velocità). Un'altra possibilità è che un razzo viaggi a una velocità minore, ma abbia abbastanza carburante per continuare a spingersi verso l'alto, fino a raggiungere un'altezza in cui il campo gravitazionale della Terra è significativamente meno intenso. La velocità di fuga da un'altezza del genere sarà minore, in modo corrispondente. In altre parole, un razzo progettato per portare una sonda spaziale completamente fuori dal campo gravitazionale terrestre deve andare più veloce di quella che è la velocità di fuga nel punto in cui il razzo si spegne.

Ora potremmo chiederci cosa succederebbe se la Terra fosse molto più densa: in quel caso la velocità di fuga dalla superficie sarebbe maggiore, perché il campo gravitazionale sarebbe più forte. La forma stabile più densa di materia ordinaria nell'Universo conosciuto sono le stelle di neutroni. Riescono a condensare una massa equivalente a una volta e mezzo il Sole in una sfera di soli 12 chilometri di raggio, sebbene questo raggio non sia misurato con precisione. La materia ordinaria è completamente stritolata sulla superficie da una tremenda forza di gravità, qualcosa come cento miliardi di volte la gravità terrestre. Se il raggio è 12 chilometri, la velocità di fuga è circa il 60% della velocità della luce.

Ma perché fermarsi qui? Come esperimento concettuale, potremmo immaginare di comprimere ulteriormente una stella di neutroni, fino a un raggio di circa quattro chilometri e mezzo; in tal caso la velocità di fuga diventerebbe uguale alla velocità della luce. Se si va oltre questo punto, la gravità cambia completamente carattere. La materia non riesce più a sostenersi, in nessuna forma, e a resistere all'attrazione gravitazionale. Andare avanti nel tempo significa avvicinarsi al centro. La fuga è impossibile. Questo è un buco nero.

Lo scopo principale dei primi capitoli di questo libro è rendere più precisa l'idea di buco nero. Un concetto chiave che esploreremo è l'idea dell'orizzonte degli eventi, che è la «superficie» del buco nero. Si tratta di una superficie in senso geometrico: un luogo geometrico bidimensionale in uno spazio a tre dimensioni. Per esempio, nel più semplice esempio di buco nero di Schwarzschild, l'orizzonte è una sfera, il cui raggio si chiama «raggio di Schwarzschild». La cosa strana dell'orizzonte dei buchi neri è che (per lo meno secondo le teorie correnti) non rappresenta il confine di niente di particolare. Nel momento in cui lo si attraversa, non si osserva niente di speciale. I problemi cominciano quando si cerca di girarsi e tornare indietro. Non c'è razzo, cannone laser o nessun'altro mezzo che possa riuscire nell'intento, nemmeno facendosi aiutare dall'esterno, perché non si riesce nemmeno a mandare un segnale di s.o.s. Poeticamente, potremmo pensare all'orizzonte di un buco nero come all'orlo di una cascata, oltre il quale lo spaziotempo cade precipitevolissimevolmente verso una singolarità che tutto distrugge.

I buchi neri sono più di un esperimento mentale. Secondo le teorie scientifiche correnti, si formano in almeno due situazioni distinte. Una è quella delineata in precedenza, a partire dalle stelle di neutroni. Quando stelle molto grandi esauriscono il carburante nucleare, collassano su sé stesse. Questo collasso è un processo caotico, durante il quale grandi quantità di materia vengono proiettate nello spazio circostante, in un'esplosione chiamata «supernova» (generalmente si pensa che le supernove giochino un ruolo cruciale nel distribuire i metalli e altri elementi moderatamente pesanti in tutto l'Universo). La materia che resta a volte è così tanta da rendere impossibile la formazione di una stella di neutroni che rimanga stabile. Però, questa materia rimanente collassa e forma un buco nero, la cui massa è almeno un certo numero di volte la massa del Sole. I buchi neri la cui collisione fu osservata da LIGO erano un po' più grandi, ma ancora plausibilmente creati dal collasso di stelle.

Buchi neri molto più grandi si trovano (si pensa) al centro delle galassie. Come si siano formati esattamente è una questione più misteriosa, che forse ha a che fare con la materia oscura, o con la fisica delle origini dell'Universo, o forse con entrambe le cose. I buchi neri al centro delle galassie hanno massa enorme, centinaia di miliardi di volte più grande del Sole. Si pensa che uno stia in mezzo alla Via Lattea, grande circa quattro milioni di masse solari. Potremmo chiederci: come facciamo sapere che c'è un buco nero se nessun segnale può uscire dal suo orizzonte? La risposta è che gli oggetti circostanti rispondono alla sua attrazione gravitazionale. Osservando il moto delle stelle che si trovano vicino al centro della Via Lattea, possiamo concludere che lì c'è un oggetto molto denso, di massa enorme. Non possiamo dimostrare che sia un buco nero, ma possiamo concludere che, se non è un buco nero, allora è qualcosa di molto più strano. In poche parole, i buchi neri sono la possibilità più semplice, e il consenso, nella comunità scientifica odierna, è che esistano e stiano al centro di gran parte delle galassie, se non addirittura di tutte.

I buchi neri rappresentano laboratori teorici estremamente utili, perché sono matematicamente semplici da descrivere, in confronto ad altri oggetti astronomici. Le stelle sono molto complicate. Sono alimentate dalle reazioni nucleari nel nucleo; la pressione e la fluidodinamica della materia al loro interno si possono simulare numericamente, ma non sono certo comprese del tutto. E poi le stelle hanno dinamiche di superficie forse altrettanto complicate delle dinamiche meteorologiche terrestri. Un buco nero, al confronto, è meravigliosamente semplice. In assenza di altra materia, i buchi neri si stabilizzano secondo poche possibili forme predefinite, tutte esprimibili come geometrie curve che risolvono le equazioni di Einstein della relatività generale. Certamente la materia in caduta dentro i buchi neri complica le cose, ma questo moto, e il comportamento della materia che cade, è sufficientemente compreso. Oggigiorno ci sono perfino buone approssimazioni numeriche degli eventi di collisione di buchi neri, e uno degli scopi principali del capitolo 6 è descrivere questi eventi e i loro effetti su esperimenti come LIGO.

Le cose diventano davvero strane quando si scopre che i buchi neri non sono completamente neri. Usando la meccanica quantistica, Stephen Hawking dimostrò che hanno una temperatura definita, collegata con la loro gravità di superficie. In effetti, esiste un'intera area di ricerca, la termodinamica dei buchi neri, in cui le proprietà geometriche sono messe in precisa relazione con proprietà termodinamiche: temperatura, energia, entropia. Esiste perfino un'ipotesi secondo cui i buchi neri in zone lontane dell'Universo possono avere l'interno in comune, e questi interni comunicanti possono rivelare un effetto chiamato «correlazione quantistica». Un'introduzione a questi concetti si trova nel capitolo 7.

I buchi neri continuano a catturare l'immaginazione degli scienziati. Gli astronomi cercano prove più precise delle proprietà dei buchi neri rotanti, e ora si accingono a collaborare con gli osservatori di onde gravitazionali per comprendere e spiegare gli eventi catastrofici di collisione. E questo è solo l'inizio dell'astronomia delle onde gravitazionali, con la costruzione di una rete di rilevatori in tutto il mondo, negli Stati Uniti (i due rilevatori LIGO a Hanford, nello stato di Washington, e a Livingston, in Louisiana), in Europa (Virgo e GEO600), in Giappone (KAGRA) e in India (LIGO India). Intanto, i teorici delle stringhe studiano i buchi neri in molte dimensioni non solo come mezzo per misurare gli effetti quantistici nella teoria della gravità, ma anche come modelli per la fisica di eventi molto vari, dalla collisione di ioni pesanti, ai fluidi viscosi, fino ai superconduttori. E ispirano le domande più complesse: ci potranno mai essere utili? Cosa c'è al loro interno? Che effetto fa cadere dentro a un buco nero? O perfino: è possibile che ci siamo già caduti dentro e non ce ne siamo accorti?

I buchi neri

1.

Relatività ristretta

Per capire i buchi neri, bisogna imparare un po' di teoria della relatività, che è divisa in due parti: generale e ristretta. Albert Einstein scoprì la relatività ristretta nel 1905: una teoria che riguarda oggetti in movimento relativo gli uni rispetto agli altri, e la percezione dello spazio e del tempo da parte di un osservatore a seconda del suo stato di moto. L'idea centrale della relatività ristretta si può formulare in termini geometrici, usando un elegante concetto chiamato «spaziotempo di Minkowski».

La relatività generale comprende quella ristretta, e anche la gravità; è la teoria che ci permette di capire a fondo i buchi neri. Einstein la sviluppò in un periodo di diversi anni, culminato in un articolo pubblicato verso la fine del 1915[1] in cui presentò le cosiddette «equazioni di campo di Einstein». Queste equazioni descrivono come la gravità distorce lo spaziotempo di Minkowski e lo rende curvo, per esempio secondo la geometria di Schwarzschild, che prevede i buchi neri, di cui parleremo nel capitolo 3. La relatività ristretta è più semplice di quella generale, perché non si occupa della gravità; cioè, la gravità è ignorata, o si ipotizza che sia debole e quindi non significativa.

La relatività ristretta include la formula $E = mc^2$, che mette in relazione l'energia E, la massa m e la velocità della luce c. Si tratta di una delle equazioni più famose di tutta la fisica, forse

[1] Einstein A., *Feldgleichungen der Gravitation*, «Sitzungsberichte der Königlich Preußischen Akademie der Wissenschaften», 1915, pp. 844-47 [trad. it. di Pratelli A.M. e Sagittario E., *Le due relatività*, Bollati Boringhieri, Torino 2015].

di tutto il sapere umano. Grazie a questa formula è stato possibile immaginare la tremenda potenza delle armi nucleari, ed è altresì alla base delle nostre speranze, non ancora realizzate, di riuscire a sviluppare una fonte di energia pulita per mezzo della fusione nucleare. $E = mc^2$ è rilevante anche nella fisica dei buchi neri. Per esempio, l'energia sprigionata dalla prima collisione di buchi neri mai osservata, pari a tre masse solari, è un'eccellente illustrazione dell'equivalenza tra massa ed energia. Per farsi un'idea del cataclisma rappresentato da quello scontro, considerate che la massa convertita in energia in una «normale» esplosione nucleare (per esempio in una bomba con un rendimento di 400 chilotoni) equivale a soli 19 grammi.

La relatività ristretta è intimamente legata alla teoria dell'elettromagnetismo, dovuta a James Clerk Maxwell. In verità, un indizio della visione relativistica di spazio e tempo emerse già nel tardo Ottocento, sotto forma delle cosiddette «trasformazioni di Lorentz», che spiegano come la percezione dei fenomeni elettromagnetici dipende dal movimento dell'osservatore. Il fenomeno elettromagnetico più comune è la luce: un'onda di campi elettrici e magnetici. Una conseguenza della teoria di Maxwell è che la luce ha una velocità ben definita; la relatività è costruita sul principio che questa velocità è in realtà costante, indipendente dal moto dell'osservatore.

Nella relatività ristretta, il moto degli osservatori si descrive in termini di sistemi di riferimento. Per farci un'idea di cosa sono, immaginiamo un treno che viaggia ad alta velocità. Se tutti i passeggeri sono seduti, e i bagagli sono ben sistemati, tutto sul treno è stazionario rispetto al treno stesso. Ma il treno si muove velocemente rispetto alla Terra. Supponiamo che il treno viaggi in linea retta a velocità costante. Per descrivere con precisione i sistemi di riferimento, dobbiamo ignorare i campi gravitazionali. Per esempio, invece di un treno sulla superficie della Terra, possiamo considerare un'astronave che viaggia a velocità costante nello spazio vuoto. Il campo gravitazionale terrestre è abbastanza debole da poter ignorare i suoi effetti sul treno, per i nostri scopi, e lavorare solo con la relatività ristretta, piuttosto che con quella generale.

Se non si guarda dal finestrino, è difficile stabilire qual è la velocità del treno. In una situazione in cui gli ammortizzatori sono efficienti, e i binari sono perfettamente livellati, se le tendine sono tirate diventa impossibile addirittura rendersi conto se il treno si sta muovendo o no. Il treno fornisce un sistema di riferimento: quello usato istintivamente dai passeggeri per giudicare se un oggetto all'interno del treno si sta spostando. Nella situazione ideale descritta, non riescono a capire se il treno stesso si muove, ma certamente vedono una persona camminare nel corridoio, perché quella persona si muove rispetto al loro sistema di riferimento. Inoltre, tutti i fenomeni fisici, come una palla che cade, o una trottola che gira, seguiranno le stesse regole, che il treno sia in moto oppure no. In breve, quindi, un sistema di riferimento è un modo di considerare lo spazio e il tempo associati a un osservatore che si trova in uno stato di moto uniforme. «Moto uniforme» significa che il treno non accelera e non rallenta, e non cambia direzione. Se il treno fa una di queste cose, allora i passeggeri se ne accorgeranno; per esempio, una rapida accelerazione li spingerà all'indietro verso lo schienale, mentre una decelerazione li spingerà in avanti.

Immaginiamo ora il nostro treno che passa per una stazione, senza fermarsi o rallentare. I passeggeri (chiamiamoli Alice, Allan e Avery) sono osservatori situati all'interno di un sistema di riferimento che chiameremo «riferimento A». Intanto, i loro amici Bob, Betty e Bill sono sul binario, all'interno del loro sistema di riferimento stazionario, che chiameremo «riferimento B». Per disegnare questi sistemi di riferimento, mettiamo le posizioni nel riferimento B sull'asse orizzontale, e il tempo del riferimento B su quello verticale, disegnando le traiettorie dei nostri vari osservatori attraverso lo spazio e il tempo, in modo che gli osservatori nel riferimento B siano sempre nello stesso punto, mentre gli osservatori nel riferimento A si muovono in avanti. Il grafico risultante è lo spaziotempo di Minkowski! La parola «spaziotempo» si riferisce al fatto che mostriamo lo spazio e il tempo nello stesso grafico. Nello spaziotempo di Minkowski è possibile adottare una prospettiva diversa: gli osservatori del riferimento A sono stazionari, mentre quelli del riferimento B si muovono all'indietro. Approfondiremo questa prospettiva più avanti.

La relatività ristretta nasce dall'ipotesi che la velocità della luce sia costante. In altre parole, la velocità della luce è la stessa, che venga misurata dagli osservatori sul treno o da quelli sul binario. Se non fosse così, un osservatore potrebbe capire in quale sistema di riferimento si trova semplicemente misurando la velocità della luce. Ma un principio fondante della teoria della relatività è che la fisica dev'essere la stessa in ogni sistema di riferimento, e quindi dev'essere impossibile capire in quale sistema ci si trova, usando solo esperimenti fisici. In accordo con questo principio, non possiamo prendere un sistema di riferimento e dire: «Questo è il sistema stazionario. "Muoversi" significa trovarsi in qualunque altro sistema di riferimento». Possiamo solo dire: «Ogni sistema di riferimento è uguale a ogni altro. L'unico concetto di moto che possiamo considerare è il moto di un osservatore rispetto a un altro». In altre parole, il moto non è assoluto, è relativo. Quindi abbiamo sbagliato, a chiamare «stazionari» i sistemi di riferimento A e B. Tutto ciò che si può dire è che si muovono l'uno rispetto all'altro. (L'idea che il riferimento B fosse stazionario sembrava naturale, perché implicitamente stavamo parlando del moto rispetto alla Terra).

L'idea di moto relativo che abbiamo esaminato fin qui può sembrare semplice buon senso, e non è chiaro come possa condurre alla spiegazione di questioni riguardanti la natura profonda dello spazio e del tempo. L'ingrediente fondamentale è la teoria dell'elettromagnetismo. Questa teoria (tra le altre cose) ci dice che se Alice accende un puntatore laser verso la locomotiva, e Bob fa lo stesso, puntandolo nella stessa direzione, le due onde luminose viaggiano esattamente alla stessa velocità. Questa asserzione sembra abbastanza innocua, ma non lo è affatto! Per esempio, se il treno viaggiasse a una velocità uguale al 99% della velocità della luce (ovviamente non sulle Ferrovie dello Stato), Bob non dovrebbe forse vedere il lampo di luce di Alice a quasi il doppio della velocità del suo? Dopo tutto, Alice sta andando quasi alla velocità della luce, rispetto a Bob, e il suo lampo si muove alla velocità della luce rispetto a lei, quindi sarebbe ragionevole aspettarsi che Bob veda l'onda luminosa muoversi a 199% della velocità della sua luce. Ma, secondo la teoria dell'elettromagnetismo, non è così. Se Bob misura la velocità dell'onda uscita dal puntatore laser di Alice, rispetto a sé stesso, sul binario, trova esattamente lo stesso valore che Alice trova rispetto a sé stessa.

Com'è possibile? La risposta è che Alice e Bob misurano il tempo diversamente, e così pure le lunghezze. I dettagli di questo effetto sono contenuti nella trasformazione di Lorentz, una formula matematica che mette in relazione il tempo e lo spazio misurati nel riferimento A con il tempo e lo spazio misurati nel riferimento B. Una trasformazione di Lorentz è semplice da disegnare nello spaziotempo di Minkowski. Prima della trasformazione (lato sinistro di fig. 1.1), possiamo pensare il riferimento B come stazionario, e quello A in movimento. Dopo la trasformazione (lato destro di fig. 1.1), è il riferimento A essere stazionario, mentre il riferimento B si muove all'indietro. Una trasformazione di Lorentz rappresenta il cambiamento di prospettiva tra il punto di vista di Bob, che pensa al suo sistema di riferimento come stazionario, e il punto di vista di Alice, che pensa lo stesso del proprio.

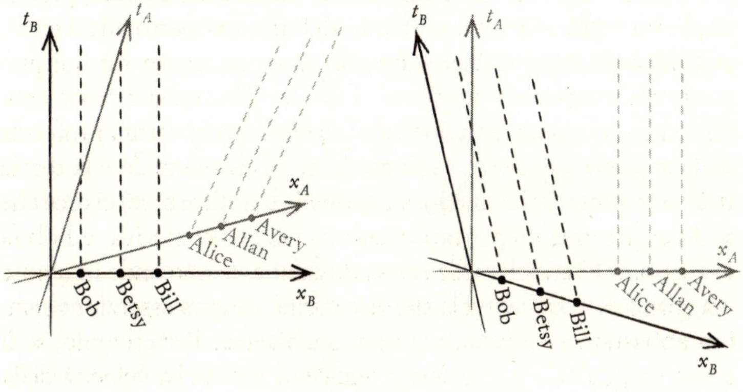

Figura 1.1
A sinistra: lo spaziotempo di Minkowski, ove tre osservatori nel riferimento B sono stazionari, e tre osservatori nel riferimento A sono in movimento. *A destra*: una diversa prospettiva nello spaziotempo di Minkowski, in cui gli osservatori nel riferimento B si muovono all'indietro e quelli nel riferimento A sono stazionari.

Conseguenze fondamentali della trasformazione di Lorentz sono la dilatazione del tempo e la contrazione dello spazio. Descriveremo per prima la dilatazione del tempo, perché è più semplice da spiegare. Supponiamo di prendere un treno a Princeton venerdì, a mezzogiorno. Per semplicità, consideriamo questo luogo e questo momento l'origine dello spaziotempo di Minkowski, dove gli assi spaziali incontrano l'asse temporale. Ora, ci sono treni veloci e lenti che passano da Princeton, alcuni vanno a nord, verso New York, altri a sud, verso Philadelphia; decidiamo quale prendere, rimaniamo sul treno esattamente un'ora, secondo il nostro orologio, e segniamo il punto in cui siamo arrivati. Naturalmente, se si prende un treno veloce, si arriva più lontano, in un'ora. Ma bisogna guardarsi dal concludere che, se si va al doppio della velocità, si arriverà esattamente il doppio più lontano. Il problema è che staremo sul treno esattamente un'ora «misurata con il nostro orologio». La velocità del treno si può misurare da un altro sistema di riferimento, stazionario rispetto alla Terra, e sul terreno gli orologi non vanno allo stesso passo del nostro, perché sono in un altro sistema di riferimento.

Ma allora dove arriviamo? In generale, se diverse persone prendono treni diversi, tutti in partenza da Princeton allo stesso momento, dove arriveranno, in un'ora? La risposta è che giungeranno tutti in qualche punto di un'iperbole nello spaziotempo di Minkowski (vedi fig. 1.2). In altre parole, l'iperbole è il luogo dei punti rappresentanti tutte le possibili destinazioni raggiungibili in un'ora, misurata con l'orologio del viaggiatore. Una possibile destinazione è la stessa Princeton, esattamente all'una, ora di Princeton. Il modo di raggiungerla è fare la stupidaggine di sedersi su un treno che non parte affatto. In quella situazione, ovviamente sarà l'una di pomeriggio, ora di Princeton, quando «arriviamo», perché il sistema di riferimento è lo stesso della città di Princeton, quindi il nostro orologio misura il tempo esattamente come quello della stazione. Se invece il treno si muove, il nostro orologio resta indietro, rispetto a quello della stazione, dunque, quando scendiamo dal treno dopo un'ora, secondo il nostro orologio, quello della stazione segna

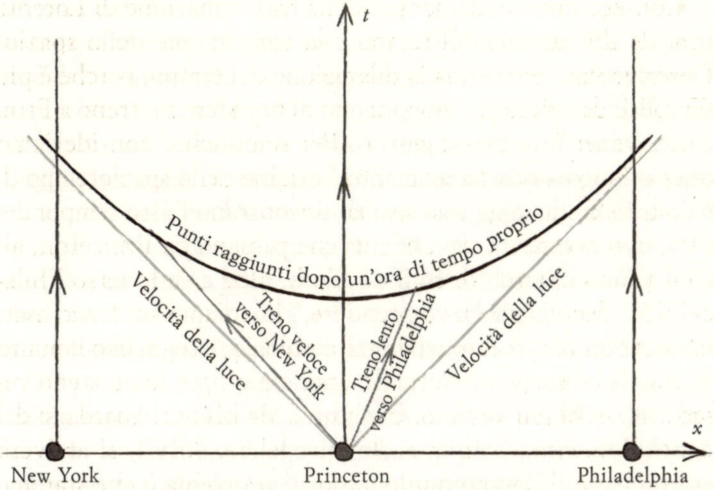

Figura 1.2
Treni dalla stazione di Princeton. La curva costituita da tutti i punti possibili da raggiungere in un'ora di tempo proprio è un'iperbole.

un'altra ora, più avanti della nostra. Questo effetto di ritardo dell'orologio, noto con il nome «dilatazione temporale», è rappresentato nello spaziotempo di Minkowski dalla curvatura verso l'alto dell'iperbole, in direzione del tempo, mano a mano che si arriva sempre più lontano dal punto di partenza.[2] Lo spaziotempo di Minkowski a volte viene chiamato «geometria iperbolica» in riferimento alle iperboli appena descritte.

Nello spaziotempo di Minkowski, visualizziamo il fatto che la velocità della luce è costante disegnando raggi di luce esattamente a 45° rispetto all'asse temporale verticale. Osserverete che l'iperbole di tutte le possibili destinazioni di un'ora di viaggio è totalmente compresa tra due raggi di luce emanati dall'origine. Questo è il modo in cui lo spaziotempo di Minkowski esprime il fatto che i treni non possono viaggiare più veloci della luce.

[2] L'effetto di dilatazione temporale tra Princeton e New York è di circa un centesimo di miliardesimo di secondo. Quindi la dilatazione del tempo non vi farà arrivare in ritardo al lavoro.

Può sembrare che la nostra analisi della dilatazione del tempo non abbia molto a che fare con le trasformazioni di Lorentz. Per vedere il collegamento, torniamo ai nostri sistemi di riferimento A e B. Supponiamo che Alice passi un'ora nel riferimento A andando da Princeton a New York. Nel frattempo, Bob e i suoi amici restano stazionari rispetto alla Terra. Come fanno a sapere a che ora arriva Alice? Una telefonata all'arrivo non basta, perché il messaggio viaggia solo alla velocità della luce, quindi Bob dovrebbe fare calcoli basati sulla velocità del segnale, la distanza tra Philadelphia e New York, un sacco di conti. Bob trova un metodo migliore. Sincronizza il proprio orologio con uno dei suoi amici, per esempio Bill, e poi Bob e Bill si posizionano uno a Princeton e uno a New York. Bob segna l'ora quando Alice parte, e Bill quella in cui arriva. Non c'è bisogno di telefonare. Potrebbe sembrare difficile sincronizzare perfettamente gli orologi di due osservatori distanti, ma una buona strategia potrebbe essere che Bob e Bill si incontrino a metà strada, sincronizzando gli orologi quando sono insieme, per poi tornare, alla stessa velocità, ognuno alla propria stazione, prima che Alice parta.

In tutta questa storia, il riferimento A sembra privilegiato, perché Alice non ha bisogno di amici per capire quanto dura il viaggio, mentre Bob e Bill devono cooperare per misurare il tempo. L'intervallo di tempo misurato da Alice si chiama «tempo proprio», perché lei lo misura restando in un posto fisso nel suo sistema di riferimento (il riferimento A). L'intervallo misurato da Bob e Bill è «tempo dilatato», che è sempre più grande del tempo proprio. Il tempo dilatato è parte della relazione tra il riferimento A e il riferimento B. La trasformazione di Lorentz tra i due riferimenti contiene la dilatazione del tempo, tra le altre cose.

Un argomento simile si può usare per descrivere la contrazione delle lunghezze. Invece di un viaggio in treno, immaginiamo che Bob, Bill e Alice vadano alle Olimpiadi, dove Alice spera di battere il record mondiale di salto con l'asta. Il suo segreto è che riesce a correre molto veloce, a una velocità pari all'87% di quella della luce. (Per qualche oscura ragione, lascia la medaglia d'oro dei 100 metri a Usain Bolt, anche se il suo tempo record potrebbe benissimo essere intorno a 0,0004 secondi). Alice usa un'asta di 6 metri, più lunga del solito, ma, del resto, è un'atleta piuttosto eccezionale. Bob e Bill vogliono verificare la lunghezza dell'asta, e quindi decidono di misurarla mentre Alice corre verso l'ostacolo, tenendola parallela al terreno. Chiaramente, non è un'impresa facile. Come faranno? Ecco cosa escogitano. Prima di tutto, sincronizzano gli orologi. Poi si mettono a una distanza di un po' meno di 6 metri l'uno dall'altro, e si accordano per osservare nello stesso istante l'asta che sta passando, e registrare il punto preciso che vedono davanti ai loro occhi. Dopo qualche tentativo, riescono a sistemarsi in modo che Bob veda precisamente la coda dell'asta, mentre Bill ne vede la punta e, misurando la distanza tra loro, scoprono di essere a soli 3 metri l'uno dall'altro. Il buon senso dice che quindi l'asta di Alice è lunga 3 metri. Vanno da Alice spiegando i loro risultati, e lei protesta, sostenendo che si stanno sbagliando! Chiede aiuto ai suoi amici Allan e Avery, che corrono insieme a lei (e sono velocisti altrettanto eccezionali) e misurano l'asta durante la corsa. Il loro risultato è che l'asta è lunga 6 metri.

Ancora una volta, il riferimento A è privilegiato, in questa discussione, perché è quello in cui l'asta è stazionaria. La lunghezza misurata nel riferimento A si chiama «lunghezza propria» dell'asta. La misura nel riferimento B è sempre un po' minore, e si chiama «lunghezza contratta». La dilatazione del tempo e la contrazione delle lunghezze sono strettamente correlate, come possiamo vedere in questo esempio, considerando ciò che direbbe Alice sulla sua esperienza di correre verso l'asticella. Nel suo sistema di riferimento, per arrivare all'ostacolo ci vuole la metà del tempo misurato da Bob e Bill, come abbiamo visto nell'esempio precedente, riguardo il viaggio in treno di Alice verso New York. La dilatazione del tempo, quindi, comporta un fattore 2 per la corsa a velocità record di Alice, all'87% della velocità della luce. Anche la contrazione delle lunghezze comporta un fattore 2: gli osservatori nel riferimento A misurano un'asta lunga 6 metri, mentre quelli nel riferimento B misurano una lunghezza di soli 3 metri. In generale, la dilatazione del tempo e la contrazione delle lunghezze comportano sempre lo stesso fattore, chiamato «fattore di Lorentz».

Non sembra esserci relazione tra il nostro ragionamento sulla relatività ristretta, che riguarda la geometria dello spaziotempo, e la famosa equazione $E = mc^2$. Cerchiamo di collegarle, considerando una rielaborazione parziale di $E = mc^2$, dove i passaggi più importanti si possono illustrare geometricamente. Il nostro ragionamento è solo una rielaborazione parziale perché usa delle approssimazioni, e un paio di altre formule che non sono ben giustificate, o rigorosamente derivate.

Il primo passo è trovare un'equazione che riguardi la massa. L'equazione migliore a questo scopo è $p = mv$, ove p è la quantità di moto, e v è la velocità di un corpo di massa m che si muove non troppo velocemente. La relazione $p = mv$ discende direttamente dalla meccanica newtoniana, e possiamo usarla a patto che v sia molto minore della velocità della luce. Il passo successivo è trovare un'equazione per l'energia, e qui dobbiamo prendere per buono un altro risultato, questa volta della teoria elettromagnetica: la quantità di moto p di un impulso di luce è legata alla sua energia E dall'equazione $p = E/c$. Come abbiamo già visto, gli impulsi di luce sono peculiari, in quanto si muovono alla stessa velocità in ogni sistema di riferimento: un comportamento molto diverso da quello degli oggetti dotati di massa. In ogni sistema di riferimento, gli oggetti massivi possono stare fermi, o muoversi a una velocità qualunque v, che, secondo la relatività ristretta, sarà sempre minore della velocità della luce.

Ora sappiamo come calcolare la quantità di moto di un oggetto massivo e lento, e la quantità di moto di un impulso di luce. Sarebbe sbagliato ipotizzare che queste due quantità debbano essere uguali, perché gli oggetti massivi e lenti sono molto diversi dagli impulsi di luce! Quello che dobbiamo fare è cercare di costruire un oggetto massivo e lento a partire dagli impulsi di luce, e poi potremo usare le nostre equazioni sulla quantità di moto per derivare $E = mc^2$.

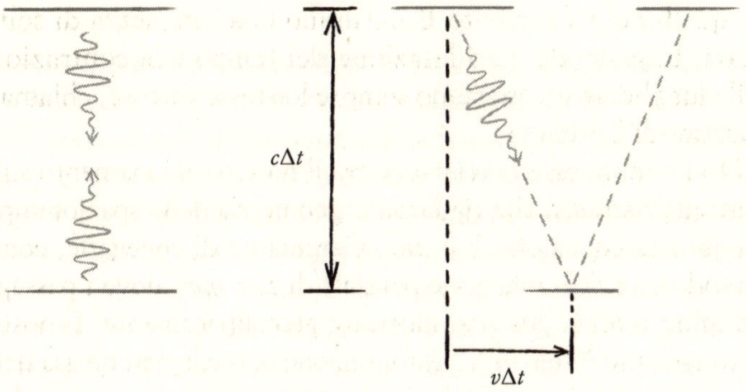

Figura 1.3
A sinistra: due impulsi di luce viaggiano su e giù tra due specchi. *A destra*: gli specchi si muovono verso destra a velocità v. Nel tempo Δt in cui uno degli impulsi va da uno specchio all'altro, esso si sposta di circa $c\Delta t$ in direzione verticale, e $v\Delta t$ in direzione orizzontale.

Ecco l'idea cruciale. Posizioniamo due specchi perfettamente riflettenti uno di fronte all'altro, e facciamo rimbalzare due impulsi di luce identici avanti e indietro tra i due specchi, dall'alto in basso, in modo che viaggino sempre in direzione opposta. La nostra tesi è che questo dispositivo è equivalente a un oggetto dotato di massa. Supponiamo che gli specchi siano leggerissimi, in modo da poter ignorare la loro massa quando calcoliamo sia la massa sia l'energia. Allora l'energia del nostro corpo massiccio è la somma delle energie dei due impulsi di luce. La sua quantità di moto è zero, perché le quantità di moto dei due impulsi di luce si annullano, avendo direzioni opposte (infatti, il corpo non si muove, globalmente, sono solo alcune sue parti a muoversi).

Per arrivare alla formula $E = mc^2$, dobbiamo mettere in moto il nostro intero dispositivo. Semplifichiamo il ragionamento considerando cosa succede a uno solo dei due impulsi (se li consideriamo entrambi, arriveremo al doppio della massa e al doppio dell'energia). Un'altra semplificazione sarà ipotizzare che il dispositivo si muova perpendicolarmente alla direzione dei due impulsi di luce. Una volta che il dispositivo si muove, anche l'impulso di luce non va solo su e giù, ma anche di lato, ed è qui che la geometria entra in gioco. Il moto laterale dell'impulso di luce sarà a velocità v, mentre il moto verticale sarà a velocità c. (In realtà, il moto verticale è un po' meno di c, perché c è la velocità totale. Per i nostri scopi, possiamo ignorare questo particolare). Un altro modo di vederla è che una percentuale v/c del moto dell'impulso è in direzione laterale. Quindi sembra ragionevole asserire che la quantità di moto laterale p_{lat} dell'impulso è v/c moltiplicato per la quantità di moto totale, cioè $p = E/c$, quindi $p_{lat} = Ev/c^2$. Però sappiamo anche che $p_{lat} = mv$, perché p_{lat} è la quantità di moto in direzione orizzontale del dispositivo intero (considerando solo uno dei due impulsi), e stiamo considerando il dispositivo come un corpo di massa m. Se ora usiamo entrambe le formule, vediamo che dev'essere $mv = Ev/c^2$, e semplificando l'equazione otteniamo... rullo di tamburi... $E = mc^2$!

Si potrebbe obiettare che il nostro dispositivo di luce e specchi ultraleggeri non è certo simile a un corpo dotato di massa, come quelli che vediamo ogni giorno. Ma questo non sarebbe proprio vero. Protoni e neutroni costituiscono la gran parte della massa degli oggetti quotidiani, e si possono rappresentare, con buona approssimazione, come regioni di spaziotempo in cui tre quark di massa quasi nulla rimbalzano di qua e di là a una velocità vicina a quella della luce. Se fosse esattamente così, allora la massa del protone sarebbe il risultato del moto dei quark che lo costituiscono, così come la massa del dispositivo di luce e specchi è il risultato del moto degli impulsi di luce. In realtà, questa non è tutta la storia: i quark interagiscono gli uni con gli altri, e le loro interazioni contribuiscono in modo significativo all'energia totale del protone, e quindi alla sua massa. Ciò nonostante, la fonte primaria della massa degli oggetti quotidiani ha in gran parte a che fare con l'analisi del nostro dispositivo di luce e specchi, più che con la massa intrinseca dei costituenti fondamentali della materia.

Più ci addentriamo nella relatività ristretta, più chiaro diventa che la teoria dell'elettromagnetismo di Maxwell ne è un precursore fondamentale. E non solo, ma precorre anche la relatività generale! Terminiamo questo capitolo con una parata dei successi più importanti della splendida teoria di Maxwell.

Prima dello sviluppo dell'elettromagnetismo, l'attrazione tra cariche positive e negative era spiegata più o meno come Newton spiegava l'attrazione gravitazionale tra la Terra e il Sole. In pratica, non si capiva veramente né l'una né l'altra. Newton sapeva di non capire. Nella sua ricerca sull'origine della forza gravitazionale, scrisse, in una frase spessissimo citata: «In verità non sono ancora riuscito a dedurre dai fenomeni la ragione di queste proprietà della gravità, e non invento ipotesi».[3] Naturalmente, Newton aveva un'utilissima legge quantitativa per calcolare l'intensità della forza gravitazionale. In particolare, sapeva che essa cambia in modo proporzionale all'inverso del quadrato della distanza tra i corpi. La forza attrattiva tra cariche positive e negative ha un andamento simile, con l'inverso del quadrato della distanza. Ma il problema, per Newton, e per molti dei suoi successori, era l'esistenza stessa di una forza che agisce a distanza. In altre parole, trovava strana l'idea che una forza potesse agire su un oggetto semplicemente perché c'era un altro oggetto da un'altra parte. Michael Faraday trovò la soluzione moderna a questo dilemma. Secondo le sue teorie, un oggetto carico crea un campo elettrico e, allo stesso tempo, è influenzato dai campi elettrici, che si estendono nello spazio secondo le equazioni scoperte da Maxwell.

Nella teoria di Faraday, le cariche negative non attraggono direttamente quelle positive. Piuttosto, una carica negativa orienta il campo elettrico circostante facendolo puntare direttamente verso la carica negativa. Il campo elettrico a sua volta attrae una carica positiva situata a distanza, e il risultato netto è che la carica positiva è attratta verso quella negativa. Potremmo anche dire che la carica positiva orienta il campo elettrico in modo opposto, e questo esercita una forza sulla carica negativa. Entrambi gli effetti avvengono contemporaneamente. Se guardiamo solo le cariche, concludiamo

[3] Newton I., *Philosophiae naturalis principia mathematica*, Streater, London 1687 [trad. it. a cura di Pala A., *Principi matematici della filosofia naturale*, UTET, Torino 1989].

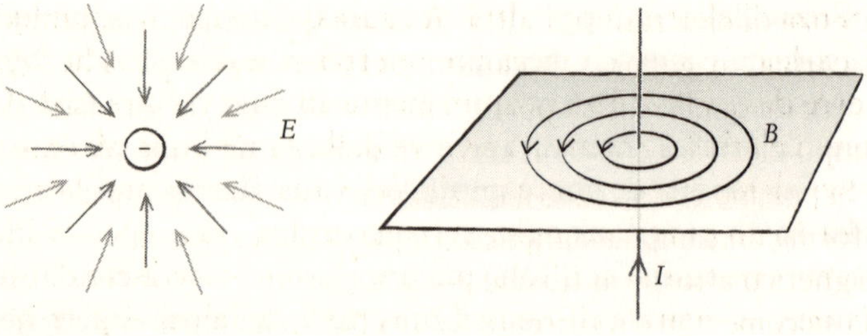

Figura 1.4
A sinistra: vicino a una carica negativa, il campo elettrico *E* in ogni punto è diretto verso la carica. *A destra*: un filo percorso da corrente *I* crea un campo magnetico *B* che gira attorno a esso.

(correttamente) che sono soggette a forze uguali e contrarie che le attraggono l'una all'altra. Il ragionamento di Faraday è che queste forze nascono dal solo campo elettrico, che ha un'esistenza autonoma e indipendente dalle cariche che lo hanno generato.

Qualcosa di simile vale anche per le forze e i campi magnetici. Senza entrare nei particolari, cariche elettriche in movimento allo stesso tempo danno luogo a, e sono influenzate da, i campi magnetici, che si estendono nello spazio in modo conforme alle equazioni di Maxwell. Un esempio particolarmente importante è che attorno a un filo percorso da corrente elettrica si crea un campo magnetico. La corrente elettrica è il moto di cariche microscopiche all'interno del filo, quindi questo è solo un caso particolare della regola generale sulle cariche in movimento che producono un campo magnetico.

Come i campi elettrici, quelli magnetici hanno un'esistenza autonoma e indipendente dalla configurazione di cariche in movimento che li hanno prodotti. Per capire cosa significa, consideriamo l'apparato usato da Maxwell durante lo sviluppo della sua teoria: due placche di metallo parallele collegate da un filo. Questo dispositivo si chiama «condensatore». Se si fa scorrere una corrente elettrica da una placca verso l'altra il risultato è, nel tempo, un accumulo di carica positiva su una placca, e di carica negativa sull'altra. In realtà, si tratta di un accumulo di elettroni su una placca, e una crescente carenza di elettroni sull'altra. A causa del crescente squilibrio di carica, si genera un campo elettrico tra le placche, che scorre da quella carica positivamente all'altra. L'intensità del campo elettrico cresce al crescere della carica sulle placche.

Sappiamo che attorno a un filo percorso da corrente elettrica si forma un campo magnetico. In particolare, si avrà un campo magnetico attorno ai fili che portano corrente al condensatore. Ma siccome non c'è corrente da una placca all'altra, si potrebbe ingenuamente concludere che non ci dovrebbe essere alcun campo magnetico tra le placche. Maxwell non riusciva a conciliare quest'idea con la sua esperienza sui condensatori, e propose una soluzione sorprendente: un campo elettrico che cresce nel tempo genera un campo magnetico allo stesso modo di un filo percorso da una corrente. L'idea risultò essere un passo avanti importante: dal concetto originale che le cariche producono e rispondono ai campi, ora si vedeva che i campi stessi producono altri campi.

In verità, già in precedenza Faraday aveva capito che un campo magnetico crescente genera un campo elettrico circolare; questo è essenzialmente il principio su cui si basano i generatori elettrici. Due delle quattro equazioni di Maxwell in pratica formalizzano le relazioni tra campi elettrici e magnetici. Le altre due equazioni sono più semplici, e stabiliscono che nei campi elettrici le cariche positive e negative rappresentano gli unici pozzi e fonti del campo, mentre i campi magnetici non ne hanno. Tutte le equazioni di Maxwell sono equazioni differenziali, cioè sono espresse in termini di quanto cambiano il campo elettrico e magnetico nel tempo e nello spazio. Le equazioni differenziali dipendono dal modo in cui i campi si comportano in regioni molto piccole dello spaziotempo. Non c'è azione a distanza, nelle equazioni di Maxwell: riguardano il comportamento locale, cioè descrivono come i campi nelle vicinanze si attraggono o si respingono.

Il più grande trionfo di Maxwell fu la luce: le sue equazioni spiegano l'esistenza della luce. Secondo la spiegazione di Maxwell, la luce è una combinazione di campi elettrici e magnetici fluttuanti, in cui la variazione nello spazio del campo elettrico causa la variazione nel tempo del campo magnetico, e viceversa. Le costanti fisiche presenti nelle equazioni descrivono l'intensità delle interazioni elettrostatiche e magnetiche, ma, combinate nel modo giusto, forniscono una previsione numerica della velocità della luce, che si può verificare sperimentalmente.

Nelle prossime pagine cercheremo di capire due collegamenti cruciali tra l'elettromagnetismo e la relatività generale: entrambe le teorie contengono il concetto di «campo» di Faraday, ed entrambe risultano in equazioni differenziali sul comportamento di campi che comportano una qualche forma di radiazione. Nel caso della radiazione elettromagnetica, i campi elettrici generano campi magnetici, e viceversa, in una cascata autogenerantesi attraverso lo spaziotempo, descritta dalle equazioni di Maxwell. Questa cascata ha una lunghezza d'onda caratteristica, lungo la quale i campi elettrico e magnetico variano da zero fino a un valore massimo, tornando poi attraverso lo zero fino a un altro massimo in direzione opposta, e tornando su di nuovo a zero. La luce visibile è un caso particolare in cui la lunghezza d'onda è circa mezzo micron. Lunghezze d'onda superiori rappresentano luce infrarossa, microonde e onde radio, mentre lunghezze inferiori ci danno luce ultravioletta, raggi X e raggi gamma.

Einstein scoprì l'analogo gravitazionale delle equazioni di Maxwell, che rappresenta il succo della teoria della relatività generale. I campi, nelle equazioni di Einstein, sono più strani di quelli elettrici e magnetici: sorprendentemente, sono la cur-

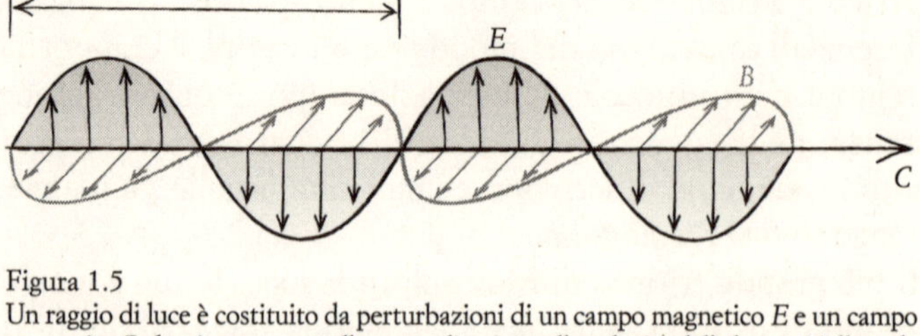

Figura 1.5
Un raggio di luce è costituito da perturbazioni di un campo magnetico E e un campo magnetico B che si muovono nella stessa direzione alla velocità della luce c. Nella scala dell'immagine, la lunghezza d'onda λ è diversi centimetri, quindi si tratta di una microonda, un po' più corta di quelle che si trovano nei comuni forni a microonde.

vatura dello spaziotempo stesso. Un'altra grossa sorpresa è che la relatività generale descrive certi oggetti massivi in termini di pura geometria. Tutto ciò è molto diverso dall'elettromagnetismo, in cui il concetto di carica rimane ineludibile. Questi oggetti massivi puramente geometrici sono i buchi neri.

2.
Relatività generale

Nella relatività ristretta, lo spaziotempo è un palcoscenico vuoto. Gli osservatori e i raggi di luce si muovono sul suo sfondo, e si può parlare ragionevolmente del tempo che passa tra due eventi, o della distanza tra due oggetti, se si tiene conto di concetti come il tempo proprio, la lunghezza propria, la dilatazione del tempo e la contrazione delle lunghezze. L'idea fondamentale che il moto sia sempre e solo relativo evidenzia quanto sia vuoto lo spaziotempo. Se ci fosse qualcosa che lo riempie, una sorta di «etere» stazionario, potremmo sviluppare la nozione di moto assoluto, che sarebbe il moto rispetto al sistema di riferimento dell'etere, e potremmo descrivere un oggetto come stazionario o in moto rispetto all'etere stazionario.[1]

La relatività generale è tutta un'altra cosa. Lo spaziotempo è il protagonista principale; si curva in risposta alle masse, secondo le equazioni di campo di Einstein, che hanno la forma seguente: $G_{\mu\nu}=8\pi G_N T_{\mu\nu}/c^4$. Diamo un'occhiata al significato dei simboli in quest'equazione. Le lettere greche μ e ν a pedice sono il marchio di fabbrica della cosiddetta «notazione tensoriale», che permette di scrivere dieci diverse equazioni in un colpo solo. Il tensore di Einstein $G_{\mu\nu}$ descrive la curvatura

[1] L'etere può sembrare un'idea balzana, ma, storicamente, fu preso molto sul serio. In verità, il progetto dei rilevatori LIGO è strettamente legato a quello del cosiddetto «interferometro di Michelson», il cui scopo originale, alla fine del XIX secolo, era esattamente di misurare la velocità della luce in diverse direzioni, in modo da rilevare il moto della Terra rispetto all'etere.

dello spaziotempo, mentre il tensore energia impulso, $T_{\mu\nu}$, descrive la presenza della materia, infatti, nello spazio vuoto $T_{\mu\nu}$ è uguale a zero. La costante di Newton G_N descrive quanto la materia influenzi lo spaziotempo. Come sempre, c è la velocità della luce. Il fattore 8π è una costante relativamente poco importante: potremmo ridefinire G_N in modo da includere 8π, ma non lo facciamo perché G_N è coinvolta anche nella descrizione newtoniana della gravitazione, quindi è troppo tardi per ridefinirla.

Da bravi studenti di relatività, potremmo chiederci: com'è possibile che la relatività generale comprenda quella ristretta, se assegna un ruolo così attivo allo spaziotempo? La risposta è che, generalmente, la gravità è molto debole. Se trascuriamo la gravità, possiamo tornare a considerare lo spaziotempo di Minkowski, che non ha curvatura e che comprende la gran parte dei comportamenti descritti dalla relatività ristretta. In particolare, lo spaziotempo di Minkowski resta lo stesso dopo una trasformazione di Lorentz, che è il modo matematico per dire che tutti i sistemi di riferimento sono equivalenti. In presenza di gravità, si perde l'equivalenza dei sistemi di riferimento (per lo meno nel senso della relatività ristretta) perché i corpi massivi rendono speciale uno dei riferimenti. Il lettore ricorderà che siamo incappati in questo punto nel capitolo 1, quando abbiamo descritto prima il riferimento B (quello di Bob) come stazionario, mentre in realtà era solo stazionario «rispetto alla Terra».

Perfino in presenza di gravità, possiamo spesso riuscire a usare la relatività ristretta, in regioni sufficientemente piccole di spaziotempo. Questo avviene perché la debole gravità curva lo spaziotempo solo un poco e, se ci concentriamo su oggetti ed eventi abbastanza vicini gli uni agli altri nel tempo e nello spazio, possiamo descriverli con eccellente approssimazione ignorando la curvatura. Per esempio, immaginiamo di sparare una pallottola attraverso una mela, mentre questa cade dall'albero. Sappiamo bene che la gravità agisce sulla mela e, in un tempo sufficiente, ne causerà la caduta con velocità misurabile. Però, nel brevissimo tempo necessario alla pallottola per attraversarla, l'accelerazione gravitazionale è talmente debole da non entrare nella descrizione in modo significativo. Per rispondere a questioni riguardanti il tempo proprio e dilatato mentre la pallottola passa attraverso la mela, la relatività ristretta sarebbe sufficiente.

Per farsi un'idea di quanto sia diverso il caso in cui la gravità gioca un ruolo importante, immaginiamo di sparare una pallottola attraverso un buco nero, invece che attraverso una mela. Non funziona! Una volta che la pallottola passa al di là dell'orizzonte, sparisce, e nessuna traccia ne esce dall'altra parte. Questo non avviene perché i buchi neri sono grandi; sarebbe vero anche per un buco nero con un orizzonte grande quanto una mela. I buchi neri sono regioni di spaziotempo talmente curve da catturare il futuro di ogni oggetto che capita loro a tiro. (Tra l'altro, un buco nero con un orizzonte grande come una mela avrebbe una massa pari a cinque volte quella della Terra).

Per cominciare, cerchiamo di migliorare la nostra percezione della relatività generale considerando la gravità in situazioni in cui è piuttosto debole, come quella che percepiamo qui sulla Terra. Anche in questo caso ci sono concetti strani a cui fare l'abitudine, in particolare il rallentare o accelerare del tempo a seconda della posizione in un pozzo gravitazionale. Alla fine di questo capitolo, ci serviremo del potente linguaggio della geometria differenziale per tornare alla teoria di Einstein e descriverla in tutta la sua gloria. Solo con questo linguaggio si possono articolare pienamente le idee dei capitoli seguenti; in particolare, la geometria dello spaziotempo curvo che descrive un buco nero.

Per quanto possibile, vogliamo arrivare alla relatività generale tramite analogie con l'elettromagnetismo. Quindi, dovremmo partire dal concetto di campo, e arrivare a equazioni di campo che comportano radiazioni. Il nostro obiettivo finale, le equazioni di campo di Einstein, sono equazioni differenziali espresse localmente, che spiegano come piccole zone di spaziotempo vicine interagiscano tra loro. Ma affrontare l'intera storia complicata dello spaziotempo fortemente curvato è esattamente ciò che non vogliamo fare subito, ed ecco perché limitiamo la nostra attenzione, per ora, a ciò che chiameremo «gravità ordi-

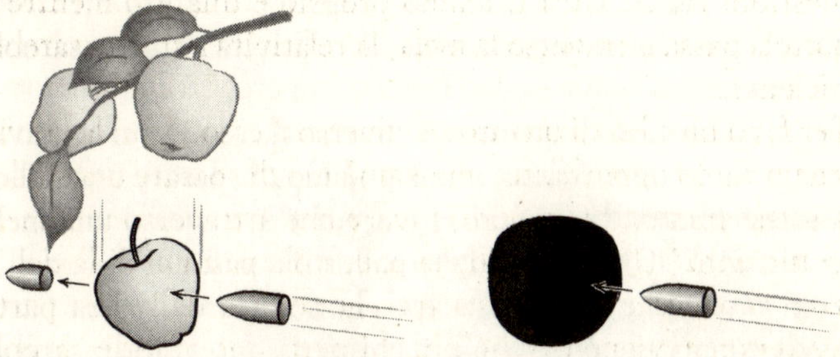

Figura 2.1
A sinistra: una pallottola passa attraverso una mela nell'istante in cui si stacca dall'albero e inizia a cadere. La relatività ristretta è sufficiente per descrivere questa situazione, perché la gravità è molto debole, e ha talmente poco tempo per agire che la si può trascurare. *A destra*: una pallottola viene sparata in un buco nero con l'orizzonte grande quanto la mela. La pallottola non esce mai!

naria». Con questo termine indichiamo la gravità di configurazioni di masse che si muovono l'una rispetto all'altra a velocità molto minori di quella della luce, e nessuna delle quali è tanto densa da formare un buco nero. Il sistema solare è un posto del genere, e così pure la gran parte della nostra galassia, eccetto in zone vicine a stelle collassate o a buchi neri, come quello acquattato al centro della galassia stessa. Nell'esaminare la gravità ordinaria, concentriamo l'attenzione sui casi in cui lo spaziotempo è quasi piatto, ma non del tutto.

La manifestazione più semplice del concetto di campo nell'elettromagnetismo è il campo elettrico, mediatore della forza che attrae le cariche positive e negative. Il primo passo verso la relatività generale è scoprire come la forza di gravità ordinaria si possa spiegare in termini di una proprietà simile al campo elettrico: una proprietà significativa di tutto lo spaziotempo, che ci siano corpi massivi nei dintorni oppure no. In altre parole, siamo alla ricerca della risposta che a Newton mancava quando scrisse, a proposito dell'origine della gravità: «Non invento ipotesi».

La risposta è il tempo stesso. Più precisamente, la gravità ordinaria si manifesta a causa dello spostamento gravitazionale verso il rosso, che sarebbe il rallentare del tempo vicino a un corpo di grande massa. Lo spostamento verso il rosso fu osservato direttamente per la prima volta nel 1959 da Robert Pound e Glen Rebka in un esperimento che descriveremo tra breve. È un fenomeno tenue (sulla Terra è impercettibile: una parte su un miliardo), ma abbastanza consistente da doverne tenere conto nella progettazione dei satelliti GPS. I satelliti stanno considerevolmente più in alto, nel pozzo gravitazionale terrestre, rispetto a noi sulla superficie, e il risultato è che lì gli orologi vanno più veloci dei nostri. La precisa sincronizzazione è cruciale per il sistema GPS, per riuscire a determinare la posizione con precisione, e gli effetti relativistici sono stati presi in considerazione nella loro progettazione.

Il passare del tempo è anche cruciale per capire i buchi neri. Come vedremo più in dettaglio nel capitolo 3, lo spaziotempo vicino a un buco nero si distorce a tal punto che il tempo, normalmente definito, si ferma, quando arriva all'orizzonte. Nel capitolo 3, concluderemo la nostra analisi dei buchi neri avventurandoci più addentro al loro pozzo gravitazionale, finché non verremo distrutti dalla singolarità al suo centro.

L'idea che il tempo rallenti vicino a un corpo dotato di massa sembra poco sensata. Come si fa ad accorgersene? E perché mai questo dovrebbe causare un'attrazione su altre masse? L'esperimento di Pound e Rebka fornisce un'elegante risposta alla prima domanda. Rispondere alla seconda ci condurrà al concetto cruciale di geodetica spaziotemporale.

Pound e Rebka misurarono lo spostamento verso il rosso usando un impulso di luce (che altro?). Sapevano, dai loro studi sugli isotopi radioattivi, che il ferro-57 (una forma di ferro con 26 protoni e 31 neutroni) assorbe ed emette un fotone con una frequenza estremamente precisa, di circa 3 miliardi di miliardi di hertz. Per un confronto, una radio in modulazione di frequenza trasmette a frequenze molto più basse, intorno ai 100 milioni di hertz. Un hertz è un'oscillazione al secondo, quindi un milione di hertz equivale a un milione di oscillazioni al secondo. Ai nostri scopi basta pensare al ferro-57 come a un minuscolo orologio che ticchetta 3 miliardi di miliardi di volte al secondo. Questi «ticchettii» si possono osservare a distanza, perché il fotone emesso dal ferro-57 porta il segnale da un po-

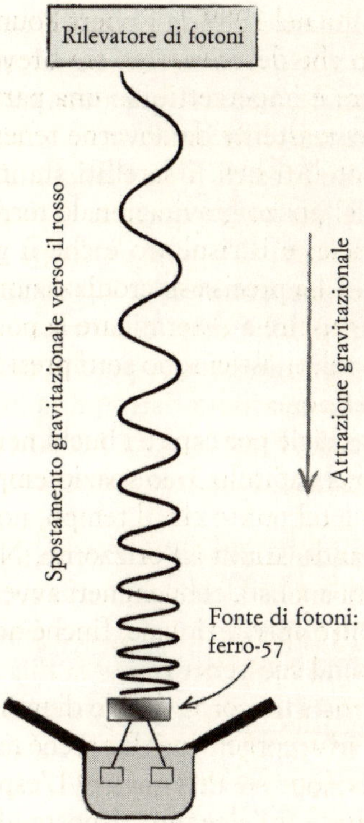

Figura 2.2
Un diagramma schematico dell'esperimento di Pound-Rebka. Dei fotoni emessi dal ferro-57 viaggiano verso l'alto, contrastando l'attrazione gravitazionale. Un rilevatore di fotoni, posto a 22 metri di altezza, misura il loro spostamento verso il rosso dovuto alla forza di gravità. Una lunghezza d'onda maggiore significa una luce più rossa. Lo spostamento verso il rosso nell'esperimento era molto più leggero di quanto la figura lasci intendere.

sto all'altro. Pound e Rebka inviarono fotoni emessi dal ferro-57 dal fondo alla cima di una torre, per una distanza di circa 22 metri. Avevano un sistema per misurare la frequenza di questi fotoni in cima alla torre con estrema precisione (il loro metodo di misura era analogo alla sintonizzazione di una radio a modulazione di frequenza). Scoprirono che la frequenza era minore in cima alla torre rispetto al fondo. Questa diminuzione è esattamente quella prevista dallo spostamento gravitazionale verso il rosso.

Dall'esperimento di Pound e Rebka possiamo intravvedere la ragione per cui lo spostamento verso il rosso abbia qualcosa a che fare con la forza gravitazionale. Per arrivare a una comprensione più completa, ci serve un'altra intuizione di Einstein (questa volta a partire da un'idea di Max Planck): l'energia del fotone è proporzionale alla sua frequenza. Quindi, quando la frequenza diminuisce, così fa anche l'energia. È ragionevole che l'energia del fotone diminuisca al suo spostarsi verticalmente verso l'alto, perché deve contrastare la gravità. Non può perdere energia rallentando, perché nella relatività generale, così come nella relatività ristretta, la luce viaggia sempre alla stessa velocità. Piuttosto, la perdita di energia si manifesta nel cambiamento della frequenza, che si sposta verso il rosso.

Avendo già fatto la conoscenza della dilatazione del tempo nel capitolo 1, potremmo aspettarci che lo spostamento verso il rosso avvenga perché gli oggetti, cadendo in un pozzo gravitazionale, accelerano fino a velocità considerevoli, e la dilatazione del tempo risultante da questa accelerazione sia esattamente quello che chiamiamo «spostamento verso il rosso». Non è così. Lo spostamento verso il rosso è un fenomeno nuovo e diverso. Gli orologi di Pound e Rebka erano stazionari rispetto alla Terra.

Lo spostamento verso il rosso è ovunque attorno a noi. Per esempio, la testa invecchia più velocemente dei piedi, a meno che non si stia sempre sdraiati. Come ogni altra dilatazione del tempo, l'effetto è numericamente piccolissimo nell'esperienza quotidiana: la nostra testa invecchia di qualche decimo di microsecondo più dei nostri piedi. Per avere un effetto più pronunciato, bisognerebbe trovarsi in un campo gravitazionale molto più intenso di quello terrestre. Per esempio, se stessimo con i piedi a qualche centimetro dall'orizzonte di un buco nero con la stessa circonferenza della Terra, allora i piedi invecchierebbero notevolmente meno della testa, che si troverebbe a più di un metro sopra l'orizzonte. Naturalmente, trovarsi in questa situazione sarebbe un'esperienza stritolante, ma stiamo solo discutendo di possibilità concettuali.

Come si spiegano i fenomeni gravitazionali ordinari (le mele che cadono, i pianeti orbitanti) usando l'idea che la causa prima della gravità è il modo in cui il tempo rallenta vicino alle masse? Dobbiamo fare una deviazione, verso idee divulgate satiricamente da Voltaire nel motto panglossiano «tutto è per il meglio, nel migliore dei mondi possibili». Gli scienziati e i matematici del tempo di Voltaire, Joseph-Louis Lagrange in particolare, si convinsero che il moto dei corpi dotati di massa, come le mele o i pianeti, è in qualche senso ottimale. In altre parole, la caduta uniformemente accelerata della mela verso il suolo è in qualche modo migliore di ogni altro movimento tra lo stesso punto iniziale e finale. Il grande risultato di Lagrange fu di formulare quest'idea in precisi termini matematici. Nella sua descrizione, a ogni possibile movimento della mela dal punto iniziale a quello finale si associa una cosiddetta «azione». Il moto effettivo della mela dovrebbe essere quello che minimizza o massimizza l'azione. In ogni caso, il moto reale è il migliore possibile, in un senso matematicamente ben definito.

A un discepolo di Newton, la formulazione di Lagrange della meccanica come problema di ottimizzazione sembrerebbe una sciocchezza. Come può un oggetto inanimato scegliere il percorso ottimale tra tutti quelli possibili? Secondo Newton, così stanno le cose: un oggetto si muove in moto rettilineo uniforme finché una forza non interviene, e poi cambia direzione seguendo la legge $F = ma$. Cosa c'è da ottimizzare? La magia è che, costruendo con grande cura l'«azione» di un corpo in movimento, Lagrange riuscì a recuperare esattamente la legge di Newton, né più, né meno. La sua definizione dell'azione fu, effettivamente, leggermente controintuitiva. Ma saltando fino alla relatività generale, si apprezza il grande valore della formulazione di Lagrange. L'azione di un oggetto in movimento, è semplicemente il tempo passato per un osservatore che si muove insieme all'oggetto. Il moto risultante è quindi quello che ottimizza il tempo proprio passato per quell'oggetto. Questo è il principio di tempo proprio ottimale. Nei casi che considereremo, il tempo proprio sarà massimizzato.

Un esempio tratto dalla relatività ristretta può aiutare a definire meglio il nostro ragionamento. (Ricordiamo che la relatività ristretta implica di non tenere in considerazione la gravità). Si chiama paradosso dei gemelli, ecco come funziona. Due osservatori, chiamati di solito Alice e Bob, sono nello stesso punto dello spazio, e hanno orologi identici. Alice parte su un'astronave, si allontana da Bob per un giorno a velocità costante (diciamo a metà della velocità della luce); poi gira l'astronave e torna indietro. Bob rimane dov'è. Se ricordiamo ciò che si è detto sul tempo proprio, nel capitolo 1, possiamo intuire il risultato dell'esperimento: la durata del viaggio di Alice, misurata da Bob con il suo orologio, sarà più dei due giorni misurati da Alice. In verità, con la velocità ipotizzata, il tempo misurato da Bob sarà di 2,3 giorni.

Il paradosso dei gemelli deriva dal seguente ragionamento sbagliato. Il moto è relativo. Secondo Alice, è Bob che si allontana da lei, e poi torna indietro. Non dovrebbe quindi aspettarsi che la sua misura del viaggio sia minore della propria?

Per vedere dove è sbagliato il ragionamento, dobbiamo individuare una chiara differenza tra Alice e Bob. La differenza è che Alice ha accelerato, quando ha girato l'astronave per tornare indietro. Bob non ha mai accelerato. Per esempio, potremmo lasciare Bob a galleggiare liberamente nello spazio vuoto per l'intera durata del viaggio di Alice. Dal punto di vista lagrangiano, il moto di Bob è stato «il migliore», assolutamente naturale, senza interventi esterni. Quindi ha senso che lui percepisca un intervallo maggiore di tempo trascorso.

Esiste una variante di grande interesse del paradosso dei gemelli, che prende in considerazione gli effetti gravitazionali (si veda la figura 2.3). Supponiamo che Alice e Bob vivano in un profondo pozzo gravitazionale, dove vanno entrambi a scuola. La maestra assegna loro un difficile compito a casa, da consegnare quarantott'ore dopo, diciamo alle nove di lunedì mattina. Bob, dall'esperienza precedente, conclude che avrà più tempo per svolgere il compito se si muove il meno possibile, quindi va a scuola camminando molto lentamente, a passo costante, e arriva alle 9 di lunedì, avendo lavorato tutto il tempo mentre

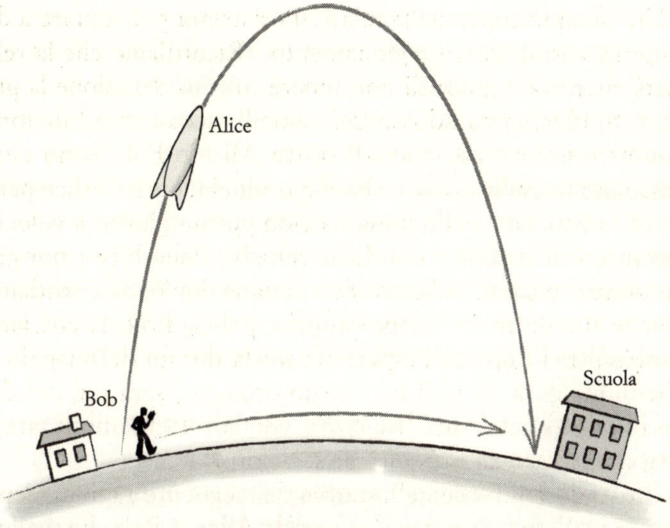

Figura 2.3
Bob fa il compito mentre cammina lentamente verso la scuola. Alice parte su un razzo e fa il compito durante il viaggio. Se il razzo di Alice accelera velocemente, e poi si muove per inerzia per tutto il resto del viaggio, allora lei avrà più tempo di Bob per svolgere il compito, prima che suoni la campanella della scuola lunedì mattina.

camminava. Alice, da brava avventuriera, pensa bene di salire sulla sua astronave e uscire dal pozzo gravitazionale, perché così lo spostamento verso il rosso le darà più tempo per fare il compito. Ma teme che la dilatazione del tempo dovuta al movimento verso l'alto e poi verso il basso possa risultare significativa.

Il principio di tempo proprio ottimale afferma che, per massimizzare il tempo proprio, Alice dovrebbe fare quello che farebbe la materia inerte nelle stesse circostanze. Cosa fa, naturalmente, la materia inerte? Beh, sta ferma. Quindi sembra che il piano di Bob di minimizzare il movimento, camminando lentamente verso la scuola, sia effettivamente il migliore. Ma la gravità cambia le carte in tavola. La materia, in un pozzo gravitazionale, non sta ferma. Al contrario: cade. Camminare lentamente verso la scuola non è la cosa più naturale, per Bob, in presenza di gravità: l'unica ragione per cui riesce a farlo è che sta camminando su un ammasso di altra materia che è più vicina di lui al fondo del pozzo gravitazionale. Se vogliamo che un pezzo di materia inerte parta da casa di Bob e Alice alle nove di sabato e finisca a scuola quarantott'ore più tardi, dovremmo tirarlo per aria, in modo che si muova su un'altissima parabola, e atterri a scuola proprio alle nove di lunedì. Una volta capito questo, Alice sale sulla sua nave spaziale, parte a razzo verso l'alto con i motori al massimo, e poi si lascia trasportare dall'inerzia e dalla gravità, mentre lavora freneticamente al compito.[2] L'astronave diventa un missile balistico, cioè si muove sotto l'influsso della gravità e di nessun'altra forza, dopo l'impulso iniziale alla partenza. In altre parole, è in caduta libera.

Gli esperimenti di Alice e Bob con gli intervalli di tempo trascorso aiutano a illustrare il principio di equivalenza di Einstein. Nella sua forma più semplice, questo principio dice che l'accelerazione non si può distinguere dalla gravità. La caratteristica principale della formulazione originale, non gravitazionale, del paradosso dei gemelli è che Alice deve accelerare per girarsi e tornare indietro verso Bob. Se rendiamo quell'accelerazione lenta e costante, invece di una brusca frenata, allora è equivalente ad avere Alice in un campo gravitazionale, per tutto il viaggio. Al contrario, la caratteristica principale della variante gravitazionale del paradosso dei gemelli è che Alice passa il fine settimana in caduta libera, mentre Bob lo passa in un campo gravitazionale. Quindi vediamo bene che Alice e Bob si scambiano i ruoli, nelle due versioni del paradosso.

Un esempio tratto dalla vita quotidiana del principio di equivalenza è che, su un ascensore, ci si sente più pesanti quando l'ascensore accelera verso l'alto, e più leggeri quando accelera verso il basso. Se l'ascensore accelerasse verso l'alto nello spa-

[2] Ci si potrebbe preoccupare che l'accelerazione iniziale abbia un effetto consistente sul tempo proprio di Alice. In verità, il principio di tempo proprio ottimale ci dice di confrontare traiettorie con la stessa posizione iniziale e finale, ma non necessariamente la stessa velocità. Per dare una descrizione precisa del paradosso dei gemelli, e della sua variante gravitazionale, dovremmo dare ad Alice una certa velocità iniziale, al momento in cui facciamo partire il suo orologio. Analogamente, avrà una certa velocità finale, quando torna dove sta Bob, e dovremmo fermare l'orologio nel momento in cui lo raggiunge, così da non doverci preoccupare di come fa a frenare.

zio vuoto, senza gravità, la nostra esperienza di osservatori al suo interno sarebbe identica a quella dell'ascensore che resta fermo in un campo gravitazionale. Allo stesso modo, se un ascensore è in caduta libera in un campo gravitazionale, l'esperienza è identica a galleggiare nello spazio vuoto.

Per tornare alle equazioni di Einstein, prendiamo il coraggio a due mani e chiamiamo con il suo nome il tasso di cambio dello scorrere del tempo, in termini matematici: si chiama «funzione intervallo temporale». In altre parole, la funzione intervallo temporale ci dice a che velocità il tempo passa in ogni punto dello spazio. Un'equazione differenziale simile a una delle equazioni di Maxwell fornisce una regola per calcolare questa funzione in presenza di un insieme arbitrario di corpi massicci che si muovono lentamente. Conoscendo la funzione, si può usare il principio di tempo proprio ottimale per trovare la traiettoria di una massa che risponde al campo gravitazionale.

L'equazione differenziale per calcolare la funzione intervallo temporale in presenza di corpi massivi lenti è in realtà un caso speciale di una delle equazioni di Einstein. Ci sono altre nove funzioni simili, che determinano completamente la forma dello spaziotempo curvo. In un certo senso, c'è un'equazione di Einstein per ognuna di esse. L'insieme delle dieci funzioni costituisce una cosiddetta «metrica dello spaziotempo». La metrica dello spaziotempo è una regola per calcolare la distanza tra punti vicini, e anche la velocità con cui scorre il tempo. Una volta che si inizia a parlare di metrica, si entra nel territorio della geometria differenziale, cioè lo studio di superfici arbitrariamente curvate, così come di geometrie a molte dimensioni, incluse le geometrie dello spaziotempo curvo della relatività generale.

Ciò che abbiamo detto sulla gravità ordinaria potrebbe indurre a pensare che lo spazio rimanga perfettamente piatto, mentre il tempo va a diverse velocità in punti diversi. Non è proprio così. In verità, lo spazio si allarga un po' nelle regioni dove il tempo scorre più lentamente. Per capire cosa vuol dire, immaginiamo di racchiudere la Terra in una sfera perfetta, e di misurare con precisione la sua superficie. Poi, misuriamo il raggio della sfera. (A dire il vero, questo significherebbe fare un buco fino al centro della Terra, ma immaginiamo di avere i superpoteri necessari). Normalmente, la superficie S e il raggio r sono legati dalla formula $S = 4\pi r^2$. Ma, a causa della presenza della Terra, r è leggermente più grande rispetto a S di quanto prevedrebbe la formula della superficie. Un altro modo di dire la stessa cosa è che il volume all'interno della sfera che racchiude la Terra è un po' più grande del volume all'interno di una sfera di superficie identica, ma che racchiude solo spazio vuoto. Così come con lo spostamento verso il rosso, l'espansione dello spazio vicino ai corpi massivi è un effetto impercettibile, se consideriamo solo campi gravitazionali deboli. In effetti, risulta che le lunghezze spaziali (definite adeguatamente) si espandono di una quantità dello stesso ordine di grandezza di quanto rallenta il tempo. Ora sembra che tutto il nostro ragionamento precedente sui corpi in caduta libera sia stato fuorviante, perché ipotizzavamo che lo spostamento verso il rosso fosse l'unico effetto della gravità. Quello che ci salva è che gli osservatori che si muovono lentamente rispetto alle masse gravitazionali sono molto più sensibili al rallentamento del tempo che all'espansione dello spazio. Dobbiamo però supporre di stare trattando di gravità ordinaria, cioè, in particolare, di non essere in presenza di corpi troppo densi, in grado di formare un buco nero. Se abbandoniamo questa semplificazione per capire cosa sta succedendo, dobbiamo addentrarci nella geometria differenziale.

La geometria differenziale (o, per lo meno, la parte che serve a noi) si basa su tre concetti: la metrica, le geodetiche e la curvatura che si possono illustrare considerando superfici curve, come quella della Terra. La metrica è facile, perché riguarda la distanza, o almeno sembra facile a prima vista. Tra Washington e San Francisco ci sono circa 3900 chilometri in linea d'aria. Come punti nello spazio, però, le due città sono più vicine, circa 3840 chilometri. La leggera differenza viene dal fatto che, se si potesse tagliare attraverso la Terra, si accorcerebbe la distanza, rispetto a viaggiare sulla superficie. Quando si viaggia sulla superficie, la traiettoria è necessariamente curva; per trovare la distanza totale, si può dividerla in piccoli tratti, ognuno dei quali è quasi piano, per poi sommare le lunghezze di tutti i pezzettini. Il termine «differenziale» si riferisce a questo processo di spezzettare le lunghezze e poi misurare i pezzettini. La funzione di una metrica, nella geometria differenziale, è quella di calcolare la lunghezza dei pezzettini. Quando si vuole calcolare la lunghezza totale di un percorso, in geometria differenziale si presuppone che si debbano sommare le lunghezze di tutti i pezzi, il che, alla fin fine, è un esercizio di calcolo integrale.

Una geodetica tra Washington e San Francisco sulla superficie della Terra è il percorso più breve per un viaggiatore che si trova sulla superficie. Non è una linea retta, ma è ciò che più le si avvicina, rimanendo sulla superficie. Con la parola «retta» vogliamo dire che la geodetica va da Washington a San Francisco direttamente, senza fare deviazioni. A causa della curvatura terrestre, il percorso più diretto possibile passa un po' più a nord di entrambe le città. L'esempio più evidente di questo fenomeno è la rotta polare degli aerei sulle lunghe distanze. Per esempio, la via più breve tra Atene e San Francisco passa sopra la Groenlandia, molto più a nord di entrambe le città. (Naturalmente, gli aerei viaggiano al di sopra della superficie della Terra, piuttosto che direttamente su di essa, ma in confronto al raggio terrestre l'altitudine di crociera è trascurabile, quindi per i nostri scopi possiamo ragionare come se gli aerei viaggiassero a contatto con la superficie).

A prima vista sembra che il concetto di curvatura sia semplice, perché tutti abbiamo familiarità con la curvatura terrestre. Ma c'è una sottigliezza riguardo alla curvatura, un aspetto usato molto spesso in geometria differenziale, e necessario nella teoria della relatività. Per capire questa sottigliezza, consideriamo un cono e una sfera. Entrambi sono curvi, ma lo sono in modi molto diversi. Si può formare un cono arrotolando un foglio di carta, senza doverlo deformare; ma se si prova a ricoprire una sfera si finirà per strappare o spiegazzare il foglio. Questo si esprime dicendo che la sfera è «intrinsecamente curva», mentre il cono è «intrinsecamente piatto» (eccetto sulla punta). Sia la sfera, sia il cono, hanno «curvatura estrinseca», con riferimento all'idea intuitiva che, nello spazio tridimensionale, sono superfici curve. In relatività, l'unica cosa importante è la curvatura intrinseca. Per concentrarci su di essa, nell'analizzare le superfici curve, restringiamo i nostri ragionamenti a questioni che si possono risolvere mediante misure effettuate sulla superficie stessa. Con questo in mente, diremo che la distanza tra Washington e San Francisco è 3900 chilometri, ignorando il percorso più breve che passa per un tunnel attraverso la Terra.

Per capire meglio cosa sia una geometria intrinsecamente curva, dobbiamo considerare triangoli con geodetiche come lati. In una geometria piana bidimensionale, la somma degli angoli interni sarà 180°. In presenza di curvatura intrinseca positiva, come quella della superficie terrestre, la somma de-

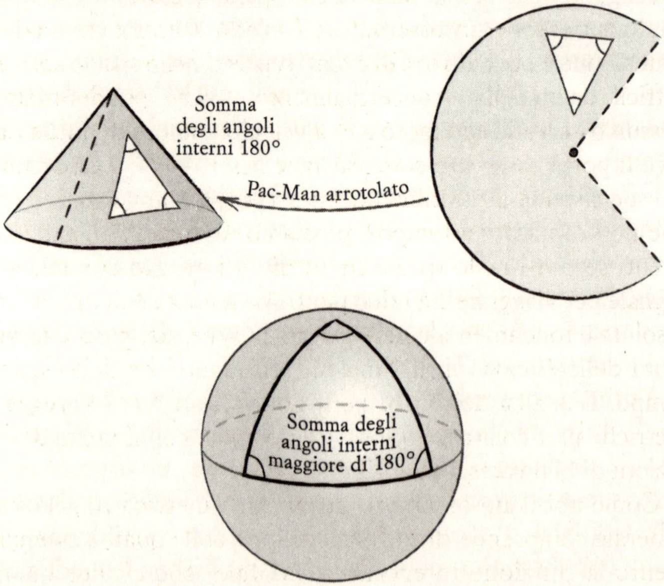

Figura 2.4
Un cono non ha curvatura intrinseca, perché si può realizzare arrotolando una porzione di piano a forma di Pac-Man. Di conseguenza, quando si disegna un triangolo con geodetiche come lati, la somma degli angoli interni è 180°. Lo stesso triangolo, disegnato sul Pac-Man prima di arrotolarlo ha segmenti di retta come lati. Al contrario, una sfera ha curvatura intrinseca positiva, quindi in un triangolo con geodetiche come lati la somma degli angoli interni è maggiore di 180°.

gli angoli interni di un triangolo sarà un po' di più di 180°. E ci sono superfici curve (con una forma simile a una clessidra), in cui gli angoli interni di un triangolo hanno somma minore di 180°. Questo definisce una curvatura intrinseca negativa.

Ora che abbiamo introdotto i concetti principali della geometria differenziale, vediamo come si possono generalizzare allo spaziotempo relativistico, a quattro dimensioni.

Le metriche usate in relatività generale sono un po' più complicate di quelle usate sulla superficie della Terra, perché servono a due diversi scopi. Uno è determinare la distanza spaziale tra due eventi in punti diversi dello spazio, e l'altro è determinare l'intervallo di tempo passato tra due eventi che avvengono in momenti diversi. Il tempo passato tra due eventi diversi, ma che avvengono nello stesso punto dello spazio è esattamente quello che misurerebbe un osservatore in caduta libera che vedesse prima l'uno e poi l'altro. Gli eventi separati nello spazio sono più difficili da modellare concettualmente, perché, per definizione, nessun osservatore in moto a una velocità minore di quella della luce li potrà osservare come se avvenissero nello stesso punto, nel suo sistema di riferimento. In uno spaziotempo statico (cioè che non cambia nel tempo), possiamo definire la distanza tra eventi separati nello spazio in termini di quanto ci vuole a un segnale per viaggiare tra i due punti. La metrica è di importanza assoluta e fondamentale nella relatività generale, perché le soluzioni delle equazioni di Einstein sono metriche dello spaziotempo. L'analisi dei buchi neri, nei capitoli 3 e 4 si regge su metriche particolari dello spaziotempo note con il nome di «soluzioni di Schwarzschild e Kerr».

Come abbiamo osservato prima, una metrica in relatività generale comprende dieci funzioni, una delle quali è essenzialmente la funzione intervallo temporale, che ci dice quanto scorre veloce il tempo. Un'altra è quella che stabilisce come lo spazio si dilata in presenza di masse. Le altre otto descrivono diverse distorsioni dello spaziotempo, un po' come gli specchi deformanti del luna park, che ci mostrano un'immagine distorta in una direzione o nell'altra. Le dieci funzioni si possono esprimere concisamente nel cosiddetto «tensore metrico», solitamente indicato con $g_{\mu\nu}$, da non confondersi con il tensore di Einstein $G_{\mu\nu}$!

Anche le geodetiche in relatività sono più complicate rispetto a quelle sulle superfici curve; questo è in parte dovuto al fatto che ce ne sono di tre varietà diverse. Una geodetica di tipo spazio è il percorso più breve tra due punti separati nello spazio, simile al percorso diretto sulla superficie della Terra tra Washington e San Francisco. Però, una geodetica di tipo spazio non è un percorso che un osservatore può effettivamente percorrere, perché per farlo dovrebbe viaggiare più veloce della luce. Potrebbe sembrare una cosa senza senso: perché è impossibile seguire il percorso più breve tra due punti? Il problema è che una geodetica nello spaziotempo non specifica solo dove stiamo andando, ma anche in che momento ci dobbiamo arrivare. Un buon esempio di una geodetica di tipo spazio è un segmento di retta a tempo costante nello spazio di Minkowski. «Percorrere» questa geodetica significherebbe arrivare allo stesso momento in cui si è partiti, e naturalmente questo è impossibile.

Il secondo tipo di geodetiche sono quelle di tipo tempo, cioè quelle che le masse seguono naturalmente, quando sono sottoposte solo alla forza di gravità. Il moto balistico di Alice in un campo gravitazionale è un esempio di geodetica di tipo tempo, e Bob che galleggia nello spazio, lontano da qualsiasi campo gravitazionale è un altro. Le geodetiche di tipo tempo massimizzano il tempo proprio, come abbiamo visto in relazione alle diverse versioni del paradosso dei gemelli. In verità, il principio di tempo proprio ottimale trova la sua più completa espressione nella seguente formulazione: le masse, in uno spaziotempo arbitrariamente curvo, seguono linee geodetiche di tipo tempo.

C'è un terzo tipo di geodetica, in relatività generale, cioè la geodetica nulla. È il percorso naturale di un raggio di luce nello spaziotempo curvo. A volte preferiamo chiamare le geodetiche della relatività generale «geodetiche spaziotemporali», per sottolineare che contengono informazioni sul tempo, oltre che sullo spazio. Ma i professionisti le chiamano semplicemente «geodetiche», e così faremo anche noi, da ora in poi.

Figura 2.5
La Terra provoca una gobba nello spazio, che spesso è rappresentata come un cedimento verso il basso. Lo spazio si curva in prossimità di un corpo massivo, ma la curvatura è intrinseca, e ha a che fare con la distorsione dello spazio in sé stesso, piuttosto che il suo piegarsi in un'altra dimensione.

Passando dalle superfici bidimensionali allo spaziotempo a quattro dimensioni, la curvatura diventa quantitativamente più complessa, ma concettualmente è simile: quando misuriamo gli angoli a cui le geodetiche si incontrano, la risposta a volte è diversa dalle nostre aspettative nate da un concetto di spazio piatto e non curvo, e la differenza è espressa dal cosiddetto «tensore di curvatura di Riemann». Il tensore di Einstein $G_{\mu\nu}$ è una versione semplificata del tensore di Riemann, che prende in considerazione solo gli aspetti della curvatura dello spaziotempo influenzati dalla presenza della massa (o dell'energia, o della quantità di moto, o della pressione, o dallo sforzo di taglio).

Secondo le conoscenze correnti, non c'è nulla al di là delle quattro dimensioni dello spaziotempo, in cui esso potrebbe curvare. Quindi, le questioni sulla curvatura in relatività generale sono ben poste quando si possono risolvere riferendosi alle geodetiche all'interno dello spaziotempo stesso. Non c'è bisogno di immaginare «scorciatoie» attraverso dimensioni maggiori, come il tunnel attraverso la Terra tra Washington e San Francisco. A dire la verità, nei disegni dello spaziotempo curvo fatti per illustrare gli effetti della gravità, lo rappresentiamo come una membrana bidimensionale che affonda in corrispondenza di una massa. Questa rappresentazione usa una dimensione aggiuntiva in cui la membrana si curva. È una buona rappresentazione, se non altro perché ci permette di visualizzare il modo in cui lo spazio si dilata un po', vicino a un corpo dotato di massa. Ma, per quanto sappiamo, il mondo reale ha solo quattro dimensioni, e lo spaziotempo è curvo per sua natura, senza alcun bisogno di una quinta dimensione.[3]

Le equazioni di campo di Einstein, $G_{\mu\nu} = 8\pi G_N T_{\mu\nu} / c^4$, si esprimono in dieci equazioni differenziali per le dieci funzioni nel tensore metrico. Il significato fondamentale delle equazioni di Einstein è che la massa, l'energia, la quantità di moto, la pressione, e lo sforzo di taglio (tutti presenti all'interno del tensore $T_{\mu\nu}$) causano la curvatura dello spaziotempo. In situazioni in cui le masse si muovono lentamente, e si possono trascurare la pressione e lo sforzo di taglio, la componente più importante delle equazioni di campo di Einstein è quella che riguarda il tempo: $G_{00} = 8\pi G_N T_{00} / c^4$. Scriviamo G_{00} invece di $G_{\mu\nu}$ perché ci concentriamo sull'equazione di Einstein nel caso $\mu=0$ e $\nu=0$. Per convenzione, il tensore con indici uguali a 0 si riferisce alla dimensione temporale, mentre $\mu=1, 2, 3$ corrispondono alle dimensioni spaziali. Quando siamo in presenza di gravità ordinaria, l'equazione $G_{00} = 8\pi G_N T_{00} / c^4$ si riduce alla regola per calcolare la funzione intervallo temporale citata in precedenza. In altre parole (semplificando un po'), l'equazione 00 di Einstein è tutto ciò che serve per descrivere la gravità ordinaria. Le altre nove equazioni entrano in gioco in situazioni estreme, come all'interno di una stella collassata, o vicino a un buco nero.

In poche parole, i due pilastri della relatività generale sono: le equazioni di campo di Einstein e il principio di tempo proprio ottimale. Usando termini non specialistici, la materia dice allo spaziotempo come curvarsi per mezzo delle equazioni di Einstein, e lo spaziotempo curvo a sua volta dice alla materia come muoversi per mezzo del principio di tempo proprio otti-

[3] Moderni sviluppi teorici si basano sulla presenza di una quinta dimensione, o diverse altre dimensioni, ma è tuttavia corretto dire che la curvatura intrinseca dello spaziotempo a quattro dimensioni è ciò che rende conto della gravità nell'esperienza quotidiana.

male. Analogamente, le cariche elettriche dicono al campo elettromagnetico cosa fare attraverso le equazioni di Maxwell, e il campo elettromagnetico a sua volta produce forze che agiscono sulle cariche elettriche.

C'è un altro fenomeno suggerito dall'analogia con l'elettromagnetismo: la radiazione. Così come per le equazioni di Maxwell, le equazioni di campo di Einstein hanno soluzioni che descrivono una cascata autoalimentantesi di perturbazioni del campo che si propagano attraverso lo spaziotempo. Nell'elettromagnetismo queste perturbazioni sono i campi elettrico e magnetico. In relatività generale sono distorsioni dello spaziotempo, descritte banalmente come dilatazione in una direzione e contrazione in un'altra. Le onde gravitazionali sono prodotte dalle masse che si muovono, così come la luce si può produrre muovendo delle cariche elettriche. Una volta generate, viaggiano attraverso lo spaziotempo alla velocità della luce. In verità, sono increspature dello spaziotempo, come onde nell'acqua.

Così come la luce, le onde gravitazionali trasportano energia. Sono state rilevate indirettamente in sistemi compatti chiamati stelle binarie; questa scoperta valse a Russell Hulse e Joseph Taylor il premio Nobel per la fisica nel 1993. Ciò che osservarono fu una lenta diminuzione del periodo orbitale di una stella binaria: in realtà, le stelle stanno lentamente scendendo a spirale l'una sull'altra. Il rilascio di radiazione gravitazionale è responsabile di questa lenta discesa, e la velocità di discesa è compatibile con le previsioni della relatività generale. L'osservazione diretta delle onde gravitazionali all'osservatorio a interferometria laser per le onde gravitazionali (LIGO) nel settembre del 2015 è legata strettamente a simili discese a spirale, e ha tutte le caratteristiche per diventare il punto di svolta della fisica del XXI secolo.

Entreremo nei dettagli della radiazione gravitazionale nel capitolo 6; per ora, osserviamo una differenza fondamentale tra l'elettromagnetismo e la relatività generale: le onde di luce non interagiscono tra loro, mentre quelle gravitazionali sì. Per esempio, due onde di luce che si incontrano passano l'una attraverso all'altra e continuano per la loro strada, indisturbate.

Al contrario, due onde gravitazionali possono entrare in collisione, rimbalzare una sull'altra, e ripartire in direzioni diverse. Questa tendenza a rimbalzare e disperdersi è molto debole ai livelli di energia a noi accessibili. È un effetto talmente tenue che riuscire a misurarlo non sembra molto probabile oggi come oggi. Ma è certamente parte della relatività generale ed è una della ragioni principali per cui non si riesce a combinare la relatività con la meccanica quantistica. Il problema è che la dispersione delle onde gravitazionali diventa forte ad alte energie, e non sappiamo come formulare la teoria quantistica in presenza di dispersione così forte. La teoria delle stringhe risolve elegantemente il problema, ma esaminarla ci porterebbe troppo lontano dal nostro obiettivo principale. Piuttosto, ora che siamo armati della relatività generale, andiamo a caccia di buchi neri!

3.
Il buco nero di Schwarzschild

Ora che abbiamo le basi della relatività generale e ristretta, siamo pronti ad affrontare i buchi neri. Inizieremo con i buchi neri di Schwarzschild. In breve, il buco nero di Schwarzschild descrive la risposta dello spaziotempo a una massa puntiforme. Il termine «risposta» allude all'idea che la materia dice allo spaziotempo come curvarsi, e lo fa per mezzo delle equazioni di campo di Einstein $G_{\mu\nu} = 8\pi G_N T_{\mu\nu} / c^4$. Uno spaziotempo curvo si descrive matematicamente mediante le dieci funzioni del tensore metrico. Una soluzione delle equazioni di campo è formata da dieci funzioni che verificano le equazioni. Il fisico e astronomo tedesco Karl Schwarzschild pubblicò la sua famosa soluzione nel 1916, sebbene da una lettera indirizzata ad Einstein nel dicembre 1915[1] fosse chiaro che allora, poco tempo dopo la formulazione delle equazioni di campo da parte di Einstein, l'aveva già trovata.

La soluzione di Schwarzschild è sorprendentemente difficile da capire. Perfino Einstein pare facesse fatica a comprenderne alcuni punti essenziali, in particolare la non singolarità dell'orizzonte. Cos'è questa perla nera di gravità, caduta così facilmente nelle mani di Schwarzschild, ma che riusciva difficile da comprendere pienamente addirittura ad Einstein?

[1] Lettera da K. Schwarzschild ad A. Einstein, 22 dicembre 1915, in Schulmann R., Kox A. J., Janssen M. e Illy J., a cura di, *The Collected Papers of Albert Einstein*, VIII, documento n. 169, Princeton University Press, Princeton (NJ) 1998.

Ci vollero circa cinquant'anni, dopo la sua scoperta, perché emergesse con chiarezza la rilevanza della soluzione di Schwarzschild in fisica. Abbiamo già illustrato alcuni aspetti di questa soluzione; in particolare, l'idea di un orizzonte degli eventi da cui nessun segnale può sfuggire, e di un interno in cui il tempo punta radialmente verso il centro. Per gli astrofisici, è molto importante calcolare l'orbita di masse intrappolate nel campo gravitazionale di un buco nero di Schwarzschild, quindi dedicheremo gran parte di questo capitolo alla descrizione di tali orbite, e a descrivere come appaiano a distanza. Faremo anche del nostro meglio, in assenza di verifiche sperimentali, per spiegare ciò che pensiamo succeda a un oggetto che cade in un buco nero di Schwarzschild. Infine, esamineremo due caratteristiche sorprendenti dei buchi neri di Schwarzschild: i buchi bianchi, e i cunicoli spaziotemporali, che probabilmente non sono rilevanti per i buchi neri formati dal collasso gravitazionale di una stella, ma sono comunque parte del bagaglio di conoscenze odierne sulla soluzione di Schwarzschild. Prima di affrontare tutto ciò, cercheremo prima di rispondere direttamente alla domanda: cos'è la metrica di Schwarzschild?

Lontano dall'orizzonte, la metrica di Schwarzschild è molto vicina alla metrica di Minkowski descritta nel capitolo 1. In altre parole, lo spaziotempo lontano dal buco nero è quasi piatto, e gli osservatori possono descrivere correttamente il proprio moto, così come gli effetti del moto relativo, quali la dilatazione del tempo e la contrazione dello spazio, usando solo la relatività ristretta. Avvicinandosi all'orizzonte, il tempo rallenta a causa della dilatazione temporale gravitazionale descritta nel capitolo 2. Come abbiamo detto nella prefazione, all'orizzonte la natura del tempo cambia radicalmente, ma, siccome la faccenda è complicata, per ora concentriamo l'attenzione sulla regione di spaziotempo al di fuori dell'orizzonte. Lì, il rallentamento del tempo si può descrivere con una funzione intervallo temporale, che è una componente della metrica di Schwarzschild. Il resto della metrica di Schwarzschild descrive lo spazio curvo tridimensionale che la gravità crea attorno al buco nero. Possiamo considerare le tre dimensioni dello spazio come il raggio più due direzioni angolari (coordinate sferiche). Muoversi nella direzione radiale significa andare verso l'alto, allontanandosi dal buco nero, oppure dirigersi verso di esso. Muoversi in una direzione angolare significa girarci intorno a distanza costante.

Non è chiarissimo cosa significhi il raggio nella soluzione di Schwarzschild, perché non si può certo misurare dal centro del buco nero: si tratta infatti di una singolarità all'interno dell'orizzonte che distrugge tutto ciò che tocca. Il modo giusto di interpretarlo è misurare la circonferenza di un cerchio centrato nella singolarità, definito come una traiettoria in cui varia solo una delle due coordinate angolari. Questo cerchio può trovarsi

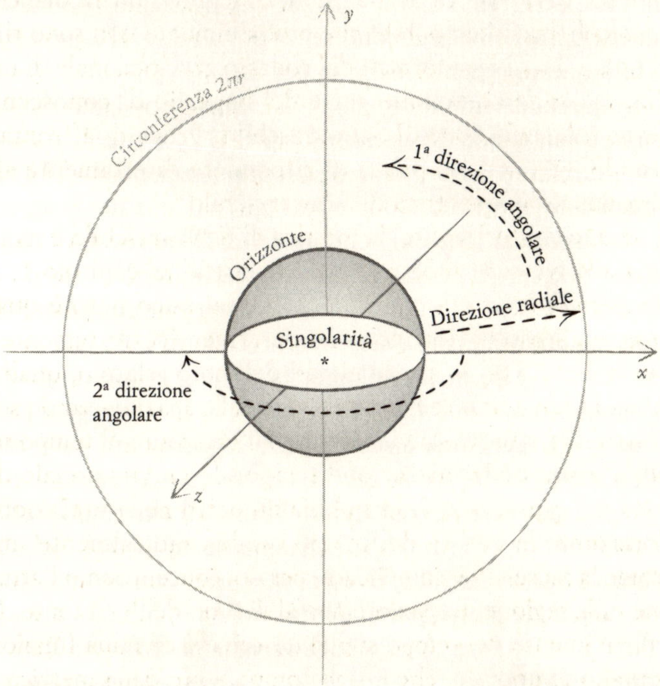

Figura 3.1
Le direzioni radiale e angolari nella soluzione di Schwarzschild. Al di fuori dell'orizzonte, queste tre direzioni sono le tre dimensioni dello spazio. Il raggio r è definito in modo tale che un cerchio centrato nel buco nero abbia circonferenza $2\pi r$.

completamente al di fuori dell'orizzonte, o all'interno, o sull'orizzonte stesso. Al di fuori dell'orizzonte, possiamo immaginare un esperimento mentale che ci permetterebbe di misurare la circonferenza, Ci vorrebbero molti osservatori, Alice, Bob, Bill, Bruce, Barney, e così via fino a Burt. Ognuno di essi si pone sul cerchio con una navetta spaziale e un puntatore laser. Alice ha un cronometro e manda un impulso laser verso uno dei suoi vicini, Bob, per esempio, e fa partire il cronometro nello stesso istante. Quando Bob riceve l'impulso di Alice, immediatamente manda un impulso laser a Bill, che lo manda a Bruce, e così via tutt'attorno al cerchio. Alla fine, Burt manda il segnale ad Alice, che ferma il cronometro quando lo riceve. Moltiplicando il tempo calcolato da Alice per la velocità della luce, otterremo una lunghezza che possiamo ragionevolmente definire come la circonferenza del cerchio. Il raggio dunque sarà questa lunghezza divisa per 2π.

Con questa attenta definizione del raggio, possiamo riconsiderare un fenomeno descritto nel capitolo 2: lo spazio si dilata un po' in regioni dove il tempo rallenta. Supponiamo di avere un buco nero contenente una massa pari a quella del Sole, così che l'orizzonte si trova a 3 chilometri di distanza. Ora consideriamo due cerchi centrati nella singolarità, uno di raggio 10 chilometri, e uno di raggio 10 chilometri più un metro. Secondo quanto visto nel paragrafo precedente, ciò che intendiamo con «raggio di 10 chilometri» è che il primo cerchio ha una circonferenza di 2π per 10 chilometri, lo stesso vale per il secondo, che avrà una circonferenza leggermente maggiore. Nello spazio piatto, i due cerchi sarebbero esattamente a un metro di distanza, cioè, per andare da uno all'altro muovendosi radialmente, si percorrerebbe esattamente un metro. Nella soluzione di Schwarzschild, bisogna percorrere un po' più di un metro, circa 1,2 metri, partendo da quello più piccolo. Ed ecco un fatto interessante. A causa dello spostamento verso il rosso, il tempo rallenta esattamente dello stesso fattore che regola la dilatazione del raggio. In altre parole, la funzione intervallo temporale, che descrive a che velocità scorre il tempo, è perfettamente correlata con un'altra funzione metrica, che descrive quanto più grande diventa lo spazio in direzione radiale, rispetto allo spazio piatto.

Nei paragrafi precedenti, abbiamo spiegato quasi tutti gli aspetti della soluzione originale di Schwarzschild. Rimane solo una cosa da descrivere, ed è la forma esatta della funzione intervallo temporale. Lontano dall'orizzonte vale 1, il che significa che il tempo scorre alla velocità a cui siamo abituati nello spaziotempo piatto. La funzione vale 0 all'orizzonte, il che significa che il tempo ordinario si ferma: in verità, questa è una delle possibili definizioni dell'orizzonte. In mezzo, la funzione intervallo temporale varia con continuità tra 0 e 1. Come? La risposta è che la funzione vale la radice quadrata di 1 meno una costante divisa per il raggio. In termini algebrici:

$$N = \sqrt{1 - \frac{r_s}{r}}$$

dove N è la funzione intervallo temporale, r è il raggio, e r_s è il raggio dell'orizzonte, chiamato «raggio di Schwarzschild», che risulta proporzionale alla massa del buco nero. Schwarzschild riuscì a ricavare tutte queste informazioni risolvendo le equazioni di Einstein.

Una caratteristica poco intuitiva della soluzione di Schwarzschild è che la funzione intervallo temporale diventa 0 all'orizzonte rendendo infinita la dilatazione radiale. Per molto tempo si pensò che questo comportamento apparentemente singolare indicasse una patologia nella metrica di Schwarzschild. In verità, la patologia sta nelle coordinate sferiche scelte per descrivere il tempo e il raggio. Queste coordinate sono più adatte a descrivere oggetti che si trovano in un posto fisso al di fuori dell'orizzonte. La funzione intervallo temporale vista in precedenza descrive lo spostamento verso il rosso, sempre per gli stessi osservatori, fermi al di fuori dell'orizzonte. Il fatto che la funzione intervallo temporale diventi 0 sull'orizzonte ci dice che in realtà è impossibile stare fermi sull'orizzonte di un buco nero. Non deve quindi sorprendere, che la metrica sembri singolare, guardata da un punto di vista impossibile! Nella descrizione della metrica di Schwarzschild dal punto di vista di un osservatore in caduta libera, risucchiato dentro il buco nero, non ci sarebbe niente di singolare, o di inusuale, sull'orizzonte. La differenza tra un osservatore fermo e uno in caduta libera si può descrivere con un cambio di coordinate, in qualche modo simile a una trasformazione di Lorentz, ma più sofisticato. Dopo questo cambiamento di coordinate, che mischia il tempo e il raggio, la soluzione di Schwarzschild risulta perfettamente liscia all'orizzonte. Rimane solo la singolarità al centro del buco nero.

La soluzione di Schwarzschild è letteralmente tutt'attorno a noi! Il campo gravitazionale della Terra si approssima molto bene con la semplice metrica di Schwarzschild. In effetti, la metrica dello spaziotempo al di fuori di una distribuzione di massa perfettamente sferica è data esattamente dalla metrica di Schwarzschild. Le deviazioni dalla metrica di Schwarzschild qui sulla Terra (o meglio, appena sopra la superficie terrestre) hanno origine dalla forma non perfettamente sferica del pianeta, dal fatto che ruota, e dall'attrazione gravitazionale di altri corpi, in particolare la Luna.

Se siamo circondati da una metrica di Schwarzschild, significa che c'è un buco nero nascosto da qualche parte sotto di noi, al centro della Terra? Fortunatamente no! La soluzione di Schwarzschild descrive solo la geometria dello spaziotempo al di fuori della superficie terrestre. All'interno, si applica un'altra soluzione delle equazioni di campo di Einstein, ed è quella senza singolarità. In verità, verso il centro della Terra, la geometria spaziotemporale diventa quasi piatta. Siccome tutti i pianeti e le stelle noti al tempo della scoperta di Schwarzschild erano molto più grandi dei raggi di Schwarzschild corrispondenti, ci fu la tentazione di postulare che le proprietà della materia reale non avrebbero mai permesso a una stella di concentrarsi in un volume tanto piccolo da rendere il suo raggio anche solo vicino al raggio di Schwarzschild. Sebbene vari ragionamenti negli anni successivi avessero dimostrato che questo postulato non era corretto, si dovette aspettare fino agli anni sessanta del Novecento perché l'idea dei buchi neri entrasse nella fisica teorica standard.

Una caratteristica paradossale della soluzione di Schwarzschild è che, mentre si presenta come la risposta dello spaziotempo a una massa puntiforme, la massa puntiforme in questione non fa parte dell'equazione risolta dalla metrica di Schwarzschild. Più precisamente, la metrica di Schwarzschild risolve le equazioni di campo di Einstein nel vuoto, $G_{\mu\nu} = 0$, cioè non c'è materia da nessuna parte. Per lo meno, non c'è materia al di fuori dell'orizzonte. All'interno, le formule di Schwarzschild si possono ancora usare, ed è ancora vero che risolvono le equazioni di Einstein nel vuoto, in tutto lo spazio, fino a raggio 0. Quando si arriva a raggio = 0, la metrica di Schwarzschild esplode in maniera incontrollata. E risulta incontrollata vista da qualunque osservatore, quindi il problema è molto più serio della singolarità apparente all'orizzonte, appena descritta. Potremmo pensare che il centro sia il luogo dove si concentra tutta la massa del buco nero. Ma in realtà «luogo» non è la parola giusta; sarebbe meglio usare «tempo», perché all'interno dell'orizzonte, come spiegheremo meglio nel seguito, il raggio diventa il tempo. Probabilmente, la relatività generale e perfino la geometria stessa non sono in grado di fornire una descrizione della gravità, in prossimità di questa singolarità centrale, e ci vuole qualche altra teoria, come una teoria quantistica della gravità, ad esempio la teoria delle stringhe.

Riassumiamo ciò che abbiamo imparato sui buchi neri, fino a ora. La soluzione di Schwarzschild alle equazioni di campo di Einstein risponde alla domanda su come una massa puntiforme curvi lo spaziotempo, e l'esito è che lo spaziotempo forma un buco nero. Lontano dal buco nero, lo spaziotempo si curva moderatamente, e si riesce a descrivere in termini della funzione intervallo temporale, recuperando la fisica gravitazionale newtoniana dal modo in cui il tempo accelera all'allontanarsi ancora di più dal buco nero. Questa descrizione diventa completamente inutile quando si arriva al raggio di Schwarzschild, dove il tempo, secondo un osservatore che sta fisso in quel punto, si ferma, rispetto al tempo di un osservatore lontano.

All'inizio, si pensava che questo fosse un errore nella soluzione di Schwarzschild, o addirittura nella stessa teoria di Einstein, ma alla fine ci si rese conto che non ha senso pensare di avere un osservatore fermo sull'orizzonte del buco nero. Entrando al suo interno, si incontra una singolarità di curvatura che, a tutt'oggi, non è completamente compresa. Il nostro piano, nel seguito di questo capitolo, è di esplorare ulteriormente la fisica dei buchi neri di Schwarzschild, cercando di capire cosa succede a osservatori e oggetti che si muovono attorno a essi, o ci cadono dentro. Arriveremo a considerare anche la regione distruttiva vicino alla singolarità.

Iniziamo con un po' di storia precedente alla scoperta di Schwarzschild. Einstein sapeva che uno dei misteri più grandi in astronomia era la precessione del perielio di Mercurio. L'orbita di Mercurio è leggermente ellittica, come stabiliscono le leggi di Keplero e la gravità newtoniana. Il perielio dell'orbita è il punto in cui il pianeta è più vicino al Sole. Ma l'asse maggiore dell'ellisse, e quindi il perielio, ruotano lentamente attorno al Sole in un moto di «precessione», nella stessa direzione in cui orbita Mercurio. Questo tipo di precessione fu studiato approfonditamente e, ai tempi di Einstein, si sapeva tutto sull'argomento, che si poteva spiegare quasi completamente come un'influenza dei pianeti vicini. Il problema era una leggera discrepanza, che rimaneva anche dopo aver tenuto conto di tutti i possibili effetti dovuti alla gravità newtoniana. Per evidenziare quanto sia tenue questa discrepanza (e quanto fossero accurate le osservazioni astronomiche nell'Ottocento!), vediamo i numeri. L'orbita di Mercurio precede di poco più di 574 secondi d'arco per secolo, mentre la meccanica newtoniana può spiegare circa 531 secondi per secolo. I 43 secondi di differenza costituiscono la discrepanza che risulta in una differenza sull'asse maggiore dell'ellisse orbitale di Mercurio di circa 1/35 000 di grado per orbita. Prima che Schwarzschild trovasse la sua soluzione esatta alle equazioni di campo, Einstein riuscì a trovare un'approssimazione alla soluzione di Schwarzschild in grado di rendere conto in maniera abbastanza precisa del moto planetario nel campo gravitazionale del Sole. I calcoli, applicati all'orbita di Mercurio, rivelarono un risultato coerente con la famosa precessione anomala. Nel suo viaggio verso le equazioni di campo del 1915, Einstein ebbe molti momenti di geniale intuizione e molte false partenze, ma questo fu senza dubbio un momento «Eureka!», che sicuramente gli diede la conferma di aver scoperto la vera teoria della gravità.

Con la metrica esatta di Schwarzschild a disposizione, attorno ai buchi neri possiamo trovare ogni sorta di orbite che si scostano dalle previsioni newtoniane molto di più della leggera discrepanza osservata nell'orbita di Mercurio. Eppure, i primi calcoli di Einstein contengono il germe dell'idea principale caratterizzante molte di queste orbite. Abbandoniamo il sistema solare e avventuriamoci verso il centro della Via Lattea, dove si nasconde un gigantesco buco nero. Questo mostro contiene circa quattro milioni di masse solari. Non è veramente un buco nero di Schwarzschild, ma piuttosto un buco nero rotante di Kerr, un oggetto molto più complicato, che descriveremo nel capitolo 4. Per i nostri scopi, ora, usiamo qualche licenza poetica e facciamo finta che il mostro al centro della Via Lattea sia in realtà un buco nero di Schwarzschild; ignoreremo anche tutta la materia che si trova nelle sue vicinanze. Il suo raggio di Schwarzschild è circa 12 milioni di chilometri. I nostri intrepidi osservatori, Alice e Bob, decidono di parcheggiare la loro astronave in un'orbita circolare su un raggio di 150 milioni di chilometri dal buco nero che corrisponde al raggio dell'orbita della Terra attorno al Sole. Siccome l'attrazione esercitata dal buco nero è molto maggiore di quella del Sole (circa 4 milioni di volte più forte), l'orbita circolare su cui si trovano Alice e Bob è molto più veloce del circuito annuale della Terra attorno al Sole: i due fanno un giro completo in circa 4 ore. In quella posizione, la dilatazione gravitazionale del tempo rende i loro orologi circa il 4% più lenti di quelli di un osservatore a grande distanza.

Ora, Alice sale su una piccola navicella spaziale. Dopo essersi staccata dall'astronave principale, il suo piano è di accendere i motori per rallentare il suo moto angolare, e poi spegnerli e godersi la caduta libera. Bob, nel frattempo, promette di stare sull'astronave e osservare cosa succede. Per aiutare Bob nel suo compito di osservazione, Alice accende una luce sulla sua navicella, che manda un lampo di luce gialla ogni secondo.

Il punto di questo esperimento mentale è che, una volta spenti i motori, la traiettoria di Alice sarà una geodetica nella geometria di Schwarzschild. Siccome la sua velocità iniziale è minore di quella necessaria a mantenere un'orbita circolare, la sua traiettoria sicuramente scenderà verso il buco nero. Se Alice avesse frenato fino a fermarsi, allora il suo moto successivo sarebbe stata una caduta lungo un raggio che l'avrebbe portata a venire inghiottita dall'orizzonte degli eventi. Alice è chiaramente una scavezzacollo, e non si preoccupa più di tanto. Mantiene una certa velocità angolare iniziale, e si aspetta di avvicinarsi un po' al buco nero, e poi ritornare sul suo raggio originale. Una volta lì, può tornare sull'astronave principale, oppure rallentare ancora e fare un altro giro.

Ecco il primo punto importante riguardo alle orbite seguite da Alice: avranno una precessione tremenda e, più si avvicinano al buco nero, più la precessione sarà consistente. Perfino un'orbita solo leggermente ellittica avrà una precessione molto maggiore di quella di Mercurio, perché in termini assoluti la gravità è molto più forte nel luogo dove si sono avventurati Alice e Bob, rispetto a qualsiasi punto del sistema solare. Nonostante sia molto più pronunciata, la precessione osservata da Alice e Bob trova spiegazione in calcoli simili a quelli fatti da Einstein per spiegare l'orbita di Mercurio.

Dopo alcuni esperimenti con orbite diverse, Alice scopre di riuscire ad aumentare la precessione a piacere. Ecco come fa. Alice parte dall'astronave, e calibra con cura la sua velocità iniziale così che la sua orbita scenderà a un raggio minimo leggermente più grande del doppio del raggio di Schwarzschild. Poi spegne i motori. Se la velocità iniziale è esattamente quella giusta, scenderà giù, girerà attorno al buco nero molte volte, e poi tornerà su, sul raggio da cui era partita. Un moto di questo tipo si può chiamare «orbita a rosetta rotante». Per Alice le orbite a rosetta rotante sono la quintessenza delle montagne russe: caduta libera dall'inizio alla fine, e quando gira attorno

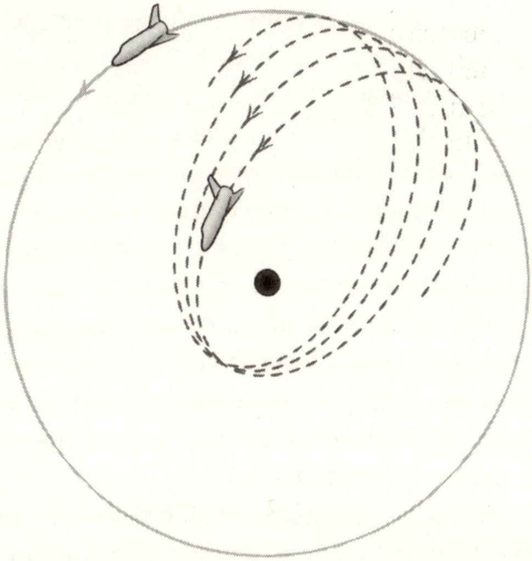

Figura 3.2
Un'orbita circolare (linea continua), e un segmento di orbita ellittica relativistica con precessione, detta «a rosetta» (linea tratteggiata). Un'orbita ellittica newtoniana non relativistica (non rappresentata qui) avrebbe la forma di una singola ellissi; la precessione relativistica si può vedere come la rotazione nel tempo dell'ellisse statica, come mostrato nella figura.

al buco nero la velocità è notevole, circa due terzi della velocità della luce. Il problema è che queste montagne russe sono molto pericolose. Se la velocità iniziale è appena insufficiente, e l'orbita scende sotto il doppio del raggio di Schwarzschild, Alice cadrà nel buco nero, a meno che non accenda i motori per accelerare in senso inverso e uscire. L'accelerazione d'emergenza deve avvenire prima di raggiungere l'orizzonte, sennò tutto è perduto.

Dopo qualche giro sulle montagne russe delle orbite a rosetta rotante da un'altezza considerevole, Alice cerca di convincere Bob a scendere su un'orbita più bassa, in modo che anche lui possa divertirsi un po'. Bob, però, è un tipo prudente, e le sole orbite che vuole sperimentare sono quelle circolari. Alice osserva una cosa strana: più Bob scende, più lei deve stare lontano dal buco nero durante le sue scorribande sulle orbite a rosetta rotante, per evitare di venire risucchiata. Quando Bob si posiziona su un'orbita di raggio triplo rispetto al raggio di Schwarzschild, il gioco di Alice sulle orbite a rosetta rotante non funziona più. Anche se la velocità di Alice all'inizio dell'orbita è appena minore di quella di Bob, viene risucchiata nel pozzo gravitazionale e deve usare i motori d'emergenza per sfuggire. Bob si trova ora su quella che si chiama «orbita circolare stabile più interna» del buco nero (ISCO: *innermost stable circular orbit*). Esistono orbite circolari di raggio minore, ma sono tutte instabili, cioè, la minima perturbazione farà cadere l'oggetto in orbita nel buco nero. Bob si rifiuta di viaggiare su queste orbite più piccole. Sono essenzialmente le orbite percorse da Alice quando girava attorno al buco nero durante le sue avventure sulle orbite a rosetta rotante.

Ora esaminiamo che tipo di segnali riceve Bob dalla luce gialla di Alice, quando lei è sulle montagne russe delle orbite a rosetta

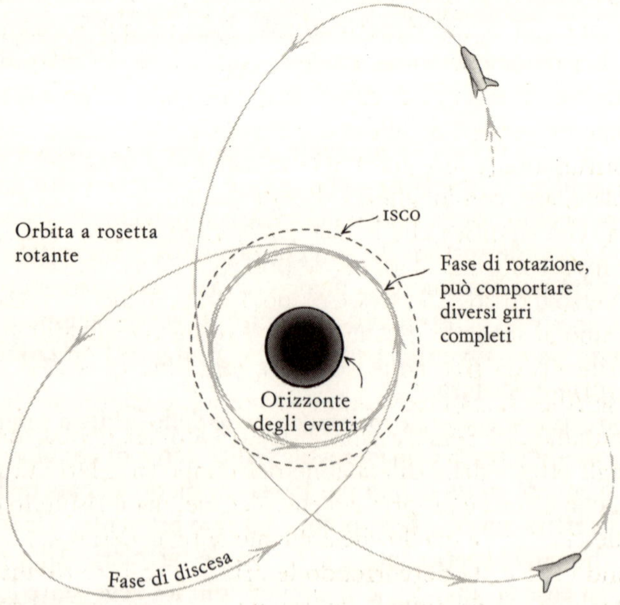

Figura 3.3
Orbita a rosetta rotante. ISCO: (*innermost stable circular orbit*) significa orbita circolare stabile più interna.

rotante. Sarà utile fare un passo indietro e parlare dell'effetto Doppler, che si verifica anche in assenza di gravità. In verità, l'effetto Doppler non richiede nemmeno la relatività ristretta. Quando si sente arrivare un'ambulanza a sirene spiegate, nel momento in cui ci passa accanto, si precepisce un abbassamento della nota. Per semplificare, immaginiamo che la sirena emetta un suono puro, diciamo a 440 hertz, il la sopra il do centrale. Supponiamo che l'ambulanza viaggi a un decimo della velocità del suono (è una bella velocità per un'ambulanza, ma non impossibile: circa 123 chilometri l'ora). Ciò che si sente mentre l'ambulanza si avvicina è una nota circa il 10% più acuta del la. Una volta passata, si sente una nota circa il 10% più bassa del la. Questo cambiamento della nota si chiama effetto Doppler. Si verifica perché mentre l'ambulanza arriva, ogni successiva vibrazione sonora viene prodotta un po' più vicino a noi di quella precedente, e quindi le vibrazioni si «accalcano» mentre si muovono verso di noi, e arrivano in una successione più veloce rispetto al caso in cui l'ambulanza sta ferma. Un fenomeno simile avviene con la luce, in relatività ristretta. Se, in assenza di campi gravitazionali, Alice volasse direttamente verso Bob, allora le vibrazioni elettromagnetiche che costituiscono la luce gialla del suo segnale gli apparirebbero più affastellate, con lunghezza d'onda più breve, e frequenza più alta. Ciò significa che la luce gialla virerà un po' verso il blu. Se invece Alice si allontana da Bob, la sua luce gialla virerà un po' verso il rosso. Allo stesso modo, i lampi di luce che Alice manda uno al secondo (misurati con il proprio orologio) verranno rilevati da Bob con frequenza maggiore di uno al secondo se Alice si sta muovendo verso di lui, e minore se lei si sta allontanando. Sembra che l'effetto Doppler debba sommarsi agli effetti della dilatazione del tempo in relatività ristretta, e in effetti è proprio ciò che succede, ma il risultato di tutti questi effetti è quello che abbiamo appena descritto.

Quando Alice sta percorrendo le orbite a rosetta rotante, la dilatazione gravitazionale del tempo fa virare verso il rosso la luce che viaggia verso Bob molto di più dell'effetto Doppler. Al contrario, se Bob mandasse un segnale di luce verso

Alice, il colore vireebbe verso il blu. La causa di questi effetti gravitazionali è unicamente la diversa velocità a cui il tempo scorre in punti diversi del pozzo gravitazionale: essi sono varianti del fenomeno descritto dall'esperimento di Pound-Rebka di cui abbiamo parlato nel capitolo 2. Un'ulteriore complicazione è che i fotoni del segnale luminoso di Alice viaggiano su traiettorie più o meno complicate, nel loro viaggio verso Bob. Lo scenario più semplice si ha quando Alice si trova direttamente sotto a Bob alla partenza del segnale. Allora i fotoni viaggeranno più o meno in linea retta verso l'alto per raggiungerlo, con uno spostamento verso il rosso della luce dovuto agli effetti gravitazionali.[2] Tuttavia, se Alice è dall'altra parte del buco nero rispetto a Bob quando il segnale luminoso parte, i fotoni possono raggiungerlo solo se riescono a evitare il buco nero. Sorprendentemente, questo può succedere; anche Einstein l'aveva anticipato. In verità, un'altra conferma precoce della relatività, che catapultò Einstein alla ribalta mondiale, fu l'osservazione della deviazione della luce stellare da parte del Sole, durante un'eclissi totale nel 1919. Tale deviazione è una versione più attenuata della traiettoria dei fotoni di Alice che devono girare attorno al buco nero per arrivare a Bob. Ma non è finita qui. Come Alice stessa, i fotoni del segnale luminoso possono trovarsi su orbite speciali che li portano tutt'attorno all'orizzonte, prima di trovare la via verso l'alto, in direzione di Bob. In principio, i fotoni potrebbero girare indefinitamente attorno al buco nero, a una distanza uguale a una volta e mezzo il raggio di Schwarzschild.[3] Quest'orbita circolare è instabile, e si trova sulla cosiddetta «sfera fotonica», che delinea il contorno dell'«om-

[2] Anche la dilatazione temporale della relatività ristretta gioca un ruolo nello spostamento verso il rosso dei fotoni che viaggiano direttamente verso l'alto. Di solito, la nostra intuizione dice che l'effetto Doppler rende conto della dilatazione del tempo, ma non è proprio così per i fotoni emessi perpendicolarmente al moto della fonte di luce.

[3] Il comportamento di un fotone è un po' diverso da quello di Alice e la sua navicella, perché i fotoni sono completamente privi di massa. In particolare, l'orbita circolare di un fotone a distanza una volta e mezzo il raggio di Schwarzschild è l'unica orbita circolare possibile per il fotone, al contrario delle molte possibili orbite circolari, stabili o instabili, che Alice ha a disposizione.

bra» del buco nero, di cui tutti i radiotelescopi sono a caccia, come vedremo brevemente alla fine del capitolo 5.

In sostanza, Bob vedrà ognuno degli impulsi di luce di Alice con qualche combinazione di spostamento gravitazionale verso il rosso ed effetto Doppler con spostamento verso il rosso o verso il blu; inoltre, vedrà deboli eco di ogni impulso, corrispondenti alla luce che gira intorno al buco nero una o più volte, prima di sfuggire verso l'esterno. Lo spostamento massimo verso il rosso sarà sufficiente a spingere i fotoni completamente al di fuori dello spettro visibile, nell'infrarosso, mentre lo spostamento massimo verso il blu sarà appena sufficiente a spingere i fotoni nell'area blu dello spettro visibile. In breve, Bob ne vedrà di tutti i colori!

Ci abbiamo girato intorno abbastanza, è venuta l'ora di attraversare l'orizzonte del buco nero. Alice e Bob cercano ognuno di convincere l'altro ad andare, ma, saggiamente, entrambi si rifiutano, e mandano una sonda spaziale in esplorazione. Per rendere la cosa più semplice, si posizionano a 150 milioni di chilometri dal buco nero, sulla loro orbita circolare originale, fermano l'astronave e lanciano la sonda in modo che, partendo da ferma, scenda radialmente giù verso il basso, senza mettersi a girare su un'orbita a rosetta rotante. Attaccano sulla sonda la torcia di Alice, che manda un lampo di luce gialla al secondo, così da poter osservare cosa succede. A causa di una combinazione di effetti Doppler e gravitazionali, i lampi arrivano con frequenza minore, e la luce è più rossa. La sonda in caduta libera ci metterà 2638 secondi a raggiungere l'orbita circolare stabile più interna, e poi altri 122 secondi per arrivare all'orizzonte degli eventi. A questo punto, per lo meno secondo la teoria classica della relatività generale, attraverserà l'orizzonte senza tante storie. In effetti, non c'è niente di speciale, sull'orizzonte, a segnalarne l'attraversamento. Alice e Bob, però, non vedranno mai la sonda che lo attraversa, perché la dilatazione gravitazionale del tempo diventa infinita, all'avvicinarsi all'orizzonte. In altre parole, i lampi di luce provenienti dalla sonda ci mettono sempre più tempo per arrivare fino all'astronave di Alice e Bob e, a un certo punto, l'ultimo lampo arriverà da un luogo subito fuori dall'orizzonte. Questo effetto si verifica qualunque sia l'intervallo tra i lampi di luce, ma comunque continuiamo con il nostro piano di un lampo al secondo, misurato da un cronometro sulla sonda. Supponiamo di calibrare la discesa in modo che uno dei lampi di luce parta proprio nell'istante in cui la sonda attraversa l'orizzonte. Questo lampo di luce non arriverà mai ad Alice e Bob, ma tutti quelli precedenti sì. Il penultimo arriverà 3686 secondi dopo la partenza della sonda, e l'ultimo 3741 secondi dopo. Quindi, dal punto di vista di Alice e Bob, la distanza tra due lampi successivi si è dilatata da uno a 55 secondi, tra il penultimo e l'ultimo. La lunghezza d'onda si sarà spostata verso il rosso di un fattore 40 per il penultimo, e 79 per l'ultimo. Supponendo che la luce fosse giallo puro, con una lunghezza d'onda di 570 nanometri, Alice e Bob la vedrebbero con una lunghezza d'onda di 23 e 45 micron, rispettivamente.

La dilatazione temporale gravitazionale (che abbiamo anche chiamato «spostamento verso il rosso») è inversamente proporzionale alla funzione intervallo temporale, che va a 0 all'orizzonte; quindi la dilatazione temporale va all'infinito. Questa è una possibile spiegazione del perché il lampo di luce emesso all'orizzonte non arriverà mai ad Alice e Bob, e tanto meno quelli emessi dopo: all'interno dell'orizzonte, la dilatazione temporale va «oltre l'infinito». Ma cosa vuol dire? La sonda in caduta libera non si accorge di niente, all'orizzonte; però, se prova ad accelerare e uscirne, non ce la farà. Per quanto i motori siano potenti, non riuscirà ad avvicinarsi nuovamente all'orizzonte e non riuscirà nemmeno a fermare la propria caduta verso il centro. Questa è la fatidica caratteristica dell'interno del buco nero, di cui parlavamo nella prefazione. Andare avanti nel tempo vuol dire avanzare radialmente verso l'interno. Nessuna forza può tirare un oggetto fuori da un buco nero, perché nessuna forza può far andare indietro nel tempo. Anche i fotoni emessi dalla sonda non possono fare altro che cadere verso il centro, una volta passato l'orizzonte. La dilatazione del tempo è effettivamente andata «oltre l'infinito», nel senso che il tempo all'interno del buco nero è completamente diverso da quello al di fuori. Il tempo, dentro l'orizzonte, scorre verso il centro, e il futuro è limitato dalla singolarità.

Il fatto che il tempo punti verso il centro, una volta passato l'orizzonte, è una caratteristica talmente fondamentale della fisica del buco nero, che vogliamo tornare al linguaggio della geometria differenziale per darne una descrizione precisa. Ricordiamo che una metrica dello spaziotempo ha due obiettivi: determinare il tempo proprio tra eventi separati nel tempo, e la distanza propria tra eventi separati nello spazio. Esiste una formula elegante che soddisfa questi due obiettivi in un colpo solo: il trucco è scrivere una formula che esprima non la distanza, ma il quadrato della distanza tra due eventi. Se il quadrato della distanza è positivo, i due eventi sono separati nello spazio. Se invece è negativo, allora sono separati nel tempo, e ciò che pensavamo fosse il quadrato della distanza era in realtà l'opposto del quadrato del tempo proprio tra gli eventi. Nella soluzione di Schwarzschild, così come in ogni altra soluzione delle equazioni di Einstein, la formula della metrica (basata sulla funzione intervallo temporale, la dilatazione radiale, ecc.) è in realtà una di queste formule del quadrato della distanza che può fornire valori positivi o negativi. Due eventi, separati in direzione radiale, hanno il quadrato della distanza positivo fuori dall'orizzonte, ma negativo all'interno. Quest'ultimo punto è cruciale: quadrato della distanza negativo significa che gli eventi sono separati nel tempo. In altre parole, il raggio diventa una dimensione temporale, mentre il tempo diventa una dimensione spaziale. Tutto ciò può sembrare strano, ma non c'è niente di sospetto nella curvatura della geometria di Schwarzschild, qui: è solo che i concetti usuali di spazio e di tempo si scambiano tra loro, una volta passato l'orizzonte.

Nonostante la confusione tra spazio e tempo al di là dell'orizzonte, la nostra idea originale di raggio nella soluzione di Schwarzschild è ancora valida: anche all'interno del buco nero, il raggio è ancora la lunghezza della circonferenza di un cerchio centrato nel buco nero, divisa per 2π. In altre parole, l'area di una sfera di qualsiasi raggio nella soluzione di Schwarzschild è 4π per il quadrato del raggio, la stessa formula che abbiamo imparato a scuola. Il vero significato di questa formula all'interno del buco nero è preoccupante: il raggio, lì, rappresenta il tempo, quindi la sfera di cui stiamo parlando è la porzione di spazio nelle due direzioni angolari a un tempo fissato. Al muoversi in avanti del tempo (cioè al muoversi del raggio verso il centro) la sfera diventa più piccola. Sempre più piccola. E poi «ahi!», la singolarità.

Per spiegare che tipo di «ahi!» si provi all'avvicinarsi alla singolarità, dobbiamo parlare delle forze di marea. Come Newton sapeva bene, le maree degli oceani che vediamo sulla Terra sono una manifestazione dell'attrazione gravitazionale della Luna sul nostro pianeta.[4] La Luna attira la Terra con un po' più di forza sul lato vicino, rispetto al lato opposto. L'attrazione sbilanciata causa la distorsione della Terra, che si allunga leggermente in direzione della Luna. L'intero pianeta percepisce questa distorsione, ma l'acqua risponde di più, perché non è rigida. Le forze di marea della Luna hanno lo stesso effetto di una forza che spinge il lato opposto della Terra lontano dalla Luna, mentre attirano il lato vicino verso di essa. Tutto ciò sembra controintuitivo, perché, per quanto sappiamo, la forza di gravità è solo attrattiva. Il punto è che le forze di marea sono l'effetto residuo dopo aver tenuto conto dell'attrazione media della Luna sulla Terra che altera leggermente il moto orbitale terrestre, mentre le forze di marea ne provocano una lieve distorsione.

Quando la sonda cade al di là dell'orizzonte (vedi le figure 3.4 e 3.5), in linea di principio è già soggetta a forze di marea, ma non sono particolarmente forti, perché il buco nero è enorme, mentre la sonda è relativamente piccola, diciamo un metro di diametro. Le cose cambiano ben presto, all'interno del buco nero. Come abbiamo già visto, nessuna forza può evitare la discesa della sonda verso la singolarità, una volta passato l'orizzonte. In verità, se vogliamo massimizzare il tempo proprio della sonda, facendola vivere il più a lungo possibile prima che incontri il suo tragico destino, il meglio che possiamo fare è non sottoporla ad alcuna forza, ma la-

[4] Anche l'attrazione gravitazionale del Sole influenza le maree, ma, per semplicità, la ignoreremo, concentrandoci sull'effetto preponderante della Luna.

sciarla in caduta libera, su una geodetica. Allora arriverà alla singolarità circa 27 secondi dopo aver attraversato l'orizzonte. Le forze di marea derivanti dall'attrazione gravitazionale del buco nero aumenteranno rapidamente all'avvicinarsi alla singolarità, e tra 10 e 100 microsecondi prima dell'impatto (a seconda del tipo di metallo usato) lo scafo si romperà. Le forze di marea, sempre più forti, sbricioleranno lo scafo in frammenti sempre più piccoli che poi saranno polverizzati fino agli atomi. Ma non è finita qui. Ben presto le forze di marea saranno talmente forti da strappare gli elettroni dai nuclei, e poi sgretolare i nuclei separando i protoni e i neutroni, e poi i quark e i gluoni. «Ahi!», appunto. Non possiamo dire cosa succede dopo, perché, per quanto ne sappiamo, i quark, i gluoni e gli elettroni non sono ulteriormente separabili. Ma possiamo dire questo: le due direzioni angolari dello spazio tridimensionale sono esse stesse schiacciate e rese sempre più piccole all'avvicinarsi alla singolarità, mentre la terza direzione spaziale, corrispondente a ciò che fuori dal buco nero si chiama «tempo», è sottoposta a una deformazione ancora più radicale. Tutto, inclusa la nostra sonda, è schiacciato e stirato in una linea infinitamente sottile.

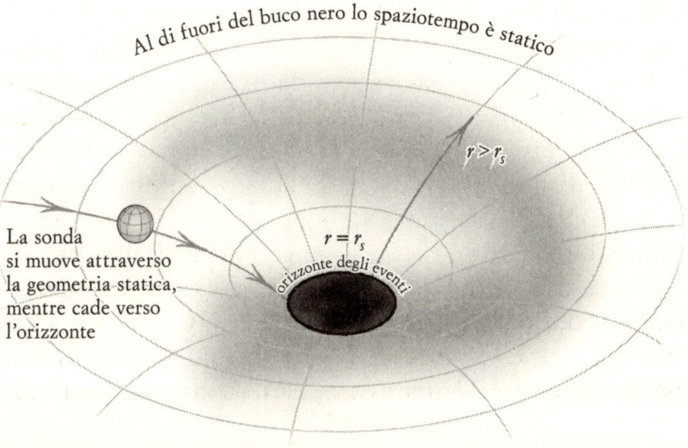

Figura 3.4
Sonda in caduta libera dentro un buco nero, vista da fuori dell'orizzonte degli eventi.

Sembra proprio che abbiamo esplorato la soluzione di Schwarzschild dall'inizio fino alla sua brutta fine. È davvero stupefacente: riesce a caratterizzare in modo semplice e preciso la geometria dello spaziotempo curvo in cui viviamo, e allo stesso tempo riesce a rendere conto, approssimativamente, della geometria che circonda gli oggetti più pesanti della galassia, compreso il gigantesco buco nero al suo centro. Un buco nero di Schwarzschild è perfettamente statico, acquattato come un ragno al centro di una tela geometrica e curva. Come abbiamo visto, gli oggetti che si avvicinano troppo all'orizzonte devono lottare furiosamente per scappare e, se attraversano l'orizzonte, vengono digeriti dalle maree e polverizzati nel flusso di materia più sottile che si possa immaginare, che si inarca fino alla singolarità.

In verità, questa non è la fine della storia della soluzione di Schwarzschild. C'è un altro aspetto della metrica di Schwarzschild

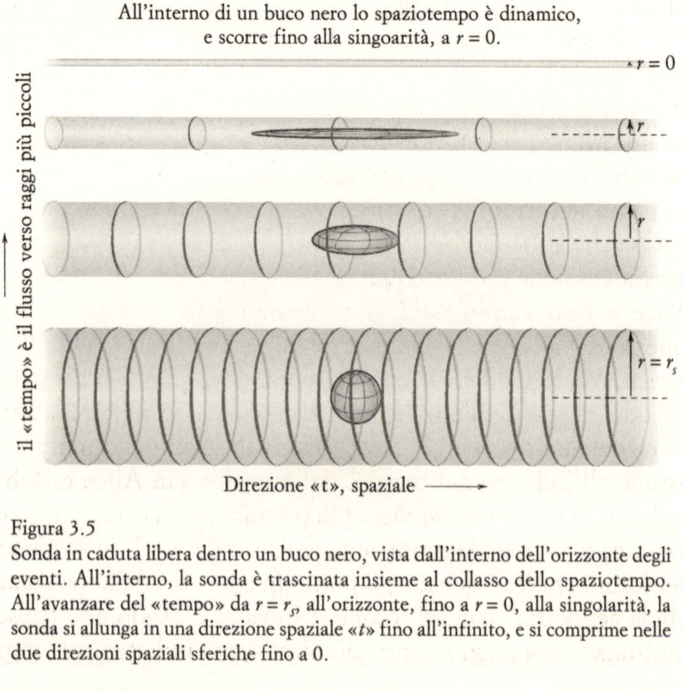

Figura 3.5
Sonda in caduta libera dentro un buco nero, vista dall'interno dell'orizzonte degli eventi. All'interno, la sonda è trascinata insieme al collasso dello spaziotempo. All'avanzare del «tempo» da $r = r_s$, all'orizzonte, fino a $r = 0$, alla singolarità, la sonda si allunga in una direzione spaziale «t» fino all'infinito, e si comprime nelle due direzioni spaziali sferiche fino a 0.

che è l'esatto opposto del buco nero. Si chiama «buco bianco». Qui, partendo da una singolarità, il flusso del tempo spinge tutto lo spazio lontano dalla singolarità, forzando tutto al di fuori di un confine attraversabile solo in una direzione. Una volta buttati fuori, non si può rientrare nel buco bianco. La ragione per cui il buco bianco dev'essere parte della soluzione di Schwarzschild si può intuire dall'apparente paradosso illustrato qui di seguito. Le geodetiche, a parte le singolarità, sono «complete», come si dice tecnicamente. Come traiettorie di minima distanza nello spaziotempo, non hanno un inizio o una fine: se una particella si muove lungo una geodetica può continuare a farlo per sempre, in avanti o indietro nel tempo. L'unico caso in cui questa proprietà non è verificata è se la geodetica incontra una singolarità; allora ci vorrebbe una teoria quantistica della gravità per capire cosa succede. Naturalmente, le forze non gravitazionali possono causare il moto di una particella su una traiettoria diversa da una geodetica, ma, come cammino attraverso lo spaziotempo, la geodetica è sempre lì. Per esempio, se state seduti su una sedia nel vostro bar preferito, leggendo questo libro, non state seguendo una geodetica: la pressione esercitata dalla sedia e dal terreno ve lo impediscono. Ma la geodetica esiste comunque, attraversa la Terra e va verso il centro, e una particella non soggetta alla pressione, come un neutrino, la seguirà.

Ora che abbiamo finito le premesse, descriviamo l'apparente paradosso nello spaziotempo di Schwarzschild. Un fotone che Alice e Bob vedono viaggiare radialmente verso l'esterno, emesso dalla sonda lanciata verso il buco nero, segue una geodetica. Ma la geodetica seguita è completa, quindi si estende al di là del raggio di Schwarzschild. Possiamo considerare la situazione nel modo seguente. Supponiamo di seguire il cammino del fotone all'indietro nel tempo, dal punto in cui Alice e Bob lo vedono. Si muove verso raggi più piccoli e, a un certo punto nel passato, raggiunge la postazione della sonda. Qui finisce la vita del fotone, perché questo è il punto in cui la sonda lo ha creato. Ma la geodetica su cui il fotone si stava muovendo non finisce: continua fino a raggi sempre più piccoli, più indietro nel tempo, e in linea di principio niente impedisce a un fotone vero di seguire questo percorso. Il percorso continua fino al raggio di Schwarzschild, che non è una singolarità, e quindi la geodetica lo attraversa e si estende fino ai raggi sempre più piccoli all'interno dell'orizzonte. Sappiamo che nulla può sfuggire a un buco nero. Ma sembra invece che la geodetica offra una via di fuga, quindi abbiamo una contraddizione.

La soluzione dell'apparente paradosso è che questa geodetica non proviene dal buco nero, ma da una zona diversa dello spaziotempo (il buco bianco) dove il flusso dinamico dello spaziotempo è esattamente opposto quello del buco nero. Dentro al buco bianco, dove (o, in verità, «mentre») la coordinata radiale è minore del raggio di Schwarzschild, andare avanti nel tempo significa muoversi verso raggi maggiori. Quindi gli oggetti che si trovano in questa regione, invece di venire intrappolati vengono spinti fuori, senza possibilità di rientrare. Il raggio 0 al centro del buco bianco è una singolarità, ma le forze di marea sono opposte a quelle del buco nero: sottilissime linee di materia vengono schiacciate e compattate fino a formare delle sfere.

Dov'è il buco bianco? Più precisamente, quando è? La risposta è che il buco bianco è avvenuto nel passato; di fatto, è avvenuto continuamente, in un passato arbitrariamente lontano. Analogamente, il buco nero fa parte del futuro, ed esisterà per sempre (ignorando gli effetti quantistici). Se trovate tutto questo poco chiaro, un altro modo di pensare alla faccenda del buco bianco/buco nero è fare un'analogia con la cosmologia, secondo il Big Bang. Nella teoria di Einstein della gravità, il Big Bang è la singolarità in cui l'Universo è «nato». (Come nel caso dei buchi neri, la relatività generale fallisce nella sua spiegazione della singolarità del Big Bang, quindi ciò che è veramente successo rimane un mistero). Sebbene si vedano fotoni provenienti dal Big Bang tutt'attorno a noi, a formare la radiazione cosmica di fondo, naturalmente non riusciremo mai ad arrivare al Big Bang: non è un posto, piuttosto è un momento nel nostro passato, e il risultato è un Universo in espansione.

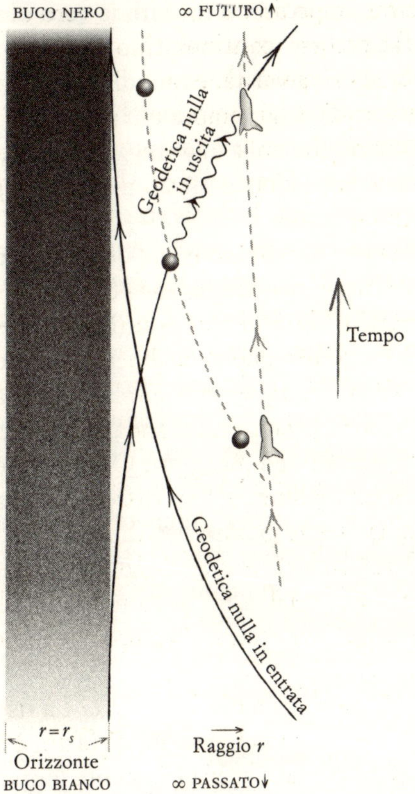

Figura 3.6
Una raffigurazione della soluzione di Schwarzschild nella sua interezza, dai buchi bianchi ai buchi neri. Dal punto di vista di un osservatore esterno (in questo caso, gli osservatori nella navicella), tutte le geodetiche nulle che escono lungo un raggio hanno origine dal buco bianco nel passato; tutte le geodetiche nulle che entrano lungo un raggio cadono nel buco nero nel futuro. Però, nessuna delle due classi di geodetiche si può osservare mentre attraversa l'orizzonte del buco bianco, o quello del buco nero, perché questo avviene solo nel passato infinito, o nel futuro infinito, secondo l'orologio dell'osservatore. Un fotone emesso dalla sonda salta su una geodetica nulla in uscita finché viene assorbito (cioè osservato) dalla navicella.

Allo stesso modo, con qualche licenza poetica, possiamo pensare che la soluzione di Schwarzschild descriva uno spaziotempo nato come un buco bianco, e il risultato è un buco nero. Dall'esterno, i fotoni prodotti nel buco bianco sembreranno arrivare dalla regione di spazio in cui ora si trova il buco nero.

Ed è proprio così, solo che quando ne sono usciti, in fuga verso il raggio di Schwarzschild per poi attraversarlo, il buco nero non esisteva ancora, c'era solo il buco bianco.

Per migliorare la nostra comprensione del buco nero di Schwarzschild, abbiamo esplorato molte traiettorie possibili per gli oggetti dotati di massa (come la navicella di Alice, o la sfortunata sonda spaziale) e per i fotoni. Insieme, tutte queste traiettorie si chiamano «percorsi causali», perché è possibile, per un evento nello spaziotempo, influenzarne un secondo, se entrambi stanno sullo stesso percorso causale e il primo precede il secondo. Se allarghiamo la nostra visuale dello spaziotempo, considerando percorsi non causali, allora scopriamo un'altra caratteristica notevole della soluzione di Schwarzschild: un cosiddetto «cunicolo spaziotemporale», o «ponte di Einstein-Rosen», che collega il mondo esterno di Alice e Bob a un altro mondo esterno con identica struttura geometrica. In quel mondo, gli esploratori Alicia e Bradley magari fanno gli stessi esperimenti con il loro buco nero, e giungono alle stesse conclusioni di Alice e Bob. Però, ciascuna coppia ignorerà l'esistenza dell'altra, perché l'unico collegamento tra i loro mondi sono percorsi non causali attraverso il buco nero o il buco bianco, che nessuna particella, con o senza massa, può seguire. In altre parole, i due mondi esterni sono scollegati causalmente l'uno dall'altro, ma gli interni sono sovrapposti. Si pensa che un cunicolo spaziotemporale possa collegare zone molto lontane dell'Universo, e questo concetto è alla base di innumerevoli racconti di fantascienza. Il problema è che un collegamento non causale tra regioni distanti di spaziotempo non ha ripercussioni pratiche. Il fatto che il collegamento non è causale significa precisamente che niente (letteralmente, «nessuna cosa») può passare da una parte all'altra. Il cunicolo spaziotemporale non è attraversabile. Nella relatività generale ci sono soluzioni alle equazioni di campo che descrivono cunicoli attraversabili, ma tutte richiedono forme «esotiche» di materia non ancora scoperte, e che potrebbero benissimo non esistere affatto. Torneremo a parlare del significato dei cunicoli spaziotemporali «normali», cioè non attraversabili, alla fine del capitolo 7.

Nonostante la violenza delle forze, e il subbuglio creato all'interno dell'orizzonte (per non parlare degli universi alternativi), dall'esterno non si vede muovere una foglia. In verità, questo è un aspetto di una proprietà più generale dei buchi neri chiamata «teorema dell'essenzialità». In questo capitolo, ci concentriamo principalmente su un tipo particolare di buco nero, quello di Schwarzschild, non rotante. Nel prossimo, sposteremo la nostra attenzione sui buchi neri rotanti (chiamati «di Kerr»), e su quelli con carica elettrica. Ci si potrebbe chiedere: quanti tipi di buchi neri esistono? La teoria è che, una volta nota la massa, la carica, e la rotazione di un buco nero, si sa tutto della sua geometria, con precisione. È una teoria notevole, e il nome «teorema dell'essenzialità» viene dal fatto che la massa, la carica e la rotazione sono caratteristiche necessarie e sufficienti (essenziali) per determinare la forma dell'orizzonte del buco nero. In inglese si chiama *no-hair theorem*, cioè «senza peli». L'origine dello strano nome in inglese deriva da una visione umoristica delle possibili forme dell'orizzonte, se ce ne fossero diverse. Forse il buco nero può avere bozzi, montagne, avvallamenti. Che termine si può usare per indicare queste caratteristiche ipotetiche dell'orizzonte del buco nero? Si è scelto «peli». Va detto che «teorema senza caratteristiche» non ha nemmeno l'ombra dello stile di «teorema senza peli».

Una spiegazione intuitiva del teorema dell'essenzialità è che l'orizzonte può anche presentare alcune caratteristiche temporanee che si assestano e vengono eliminate nel tempo impiegato dalla luce a fare un giro attorno alla sfera fotonica. Questo è difficile da dimostrare rigorosamente. Il teorema originale, dimostrato dal fisico canadese Werner Israel, è meno ambizioso, ma è dimostrato con rigore matematico. Egli dimostrò che, se ipotizziamo che il buco nero sia stabile (cioè se non ci sono caratteristiche temporanee che si debbano assestare) e non rotante, allora sull'orizzonte, e al di fuori di esso, dev'essere di Schwarzschild. In altre parole, Schwarzschild è l'unica risposta alle geometrie non rotanti e stabili che risolvono le equazioni di Einstein. I suoi risultati furono ampliati più tardi da altri scienziati, e ora includono i buchi neri rotanti, descritti dalla soluzione di Kerr che esamineremo nel capitolo 4. Dimostrare che le soluzioni stabili sono uniche (il risultato di Israel) non dimostra completamente il risultato più generale che tutti i buchi neri si assestano su una soluzione di Schwarzschild o di Kerr, ma è un passo verso questo risultato.

Tutti gli indizi dicono che le soluzioni di Schwarzschild e di Kerr sono effettivamente gli stati finali stabili del collasso gravitazionale. Quando si forma un buco nero dall'implosione di una stella, o quando due buchi neri si scontrano, lo spaziotempo all'orizzonte non è certamente stabile, e ha molte strutture interessanti. Ma ben presto tutte le strutture vengono trasportate via sotto forma di onde gravitazionali, e la geometria all'esterno dell'orizzonte diventa uniforme, continua, perfetta, stazionaria, come descritto dalle equazioni di campo di Einstein. Ciò che succede all'interno dell'orizzonte è molto meno chiaro. In verità, nonostante la nostra conoscenza di principio dell'interno delle soluzioni di Schwarzschild e di Kerr, quello che succede all'interno dell'orizzonte di un buco nero dinamico è un mistero che gli scienziati e i matematici stanno ancora cercando di capire.

Un buco nero formatosi in seguito all'implosione di una stella non ha un buco bianco nel suo passato: al suo posto, c'è la stella. E non avrà nemmeno un cunicolo spaziotemporale verso un altro universo. In realtà, il mistero su come si siano formati gli enormi buchi neri al centro delle galassie è ancora molto fitto. Non è impossibile che ci sia qualcosa di simile a un buco bianco nel loro passato, o cunicoli che li collegano ad altre porzioni di Universo. Le regioni bianche nel lontano passato dei buchi neri di grande massa presenti nel nostro Universo dovrebbero per forza essere sostanzialmente diverse dai buchi bianchi della metrica di Schwarzschild, perché il nostro passato osservabile (il Big Bang) è molto diverso da un buco bianco di Schwarzschild. È anche plausibile che i buchi neri si siano formati a causa del collasso di stelle, all'inizio dell'evoluzione dell'Universo, e poi siano cresciuti per mezzo della materia consumata, fino a diventare enormi come sono oggi. In quel caso non ci sarebbero né buchi bianchi né cunicoli spaziotemporali collegati a essi. In sostanza, ci sono molte prove sperimentali dell'esistenza dei buchi neri, ma nessuna dei buchi bianchi, o dei cunicoli spaziotemporali.

Abbiamo iniziato a descrivere le meraviglie di un buco nero in relatività generale. E, sperabilmente, ora il lettore riuscirà ad apprezzare perché ci sia voluto così tanto agli scienziati per farsi un'idea di cosa rappresenti veramente la metrica di Schwarzschild, sebbene fosse disponibile in tutti i suoi particolari matematici poco dopo la pubblicazione delle equazioni di campo di Einstein. Ci vollero molte innovazioni matematiche, inclusa la soluzione di Kerr, scoperta nel 1963, prima che la soluzione di Schwarzschild fosse presa sul serio. Un altro punto cruciale fu la scoperta, da parte degli astronomi, di corpi celesti che sfidavano ogni spiegazione ordinaria, ma perfettamente descrivibili come buchi neri. Altrimenti questa parte della relatività generale sarebbe rimasta una semplice stranezza matematica senza alcuna rilevanza fisica (come fu all'inizio). Gran parte della nostra comprensione dei buchi neri si sedimentò dopo la morte di Einstein, quindi, sfortunatamente, egli non riuscì mai ad apprezzare pienamente le sconvolgenti conseguenze della sua nuova teoria.

4.
Il buco nero rotante

Nel capitolo 3 abbiamo descritto la soluzione di Schwarzschild delle equazioni di campo di Einstein, che rappresenta un singolo buco nero, statico e non rotante, con tutte le sue stupefacenti proprietà. Qui parleremo di un'estensione della soluzione di Schwarzschild, il «buco nero di Kerr», così chiamato in onore del matematico Roy Kerr, scopritore di questa soluzione, che descrive buchi neri rotanti. La soluzione di Kerr è importante perché i buchi neri hanno quasi sempre una qualche rotazione, o *spin*, e questo fatto ha nuove e interessanti conseguenze. Uno degli effetti della rotazione è che lo spaziotempo viene trascinato attorno al buco nero in un movimento circolare, secondo il cosiddetto «effetto di trascinamento». Ciò causa un diverso tipo di precessione delle geodetiche. Ricordiamo che, nel caso del buco nero di Schwarzschild, la precessione è la rotazione dell'ellisse orbitale, ma questa avviene nel piano bidimensionale dell'orbita, che rimane fisso. Nella soluzione di Kerr, l'effetto di trascinamento aggiunge una rotazione del piano orbitale stesso attorno all'asse di rotazione del buco nero, nello stesso senso. Più la particella è vicina al buco nero, più il piano orbitale ruota velocemente. In verità, in una zona all'interno di una superficie chiamata «ergosfera», l'effetto di trascinamento diventa così pronunciato, da costringere tutte le particelle (che si muovano o no su una geodetiche, che abbiano o non abbiano massa, quindi anche i fotoni) a ruotare attorno al buco nero nello stesso senso. L'esistenza di un'ergosfera permette l'estrazione di energia rotazionale dal buco nero, per mezzo di un metodo chiamato «processo di Penrose», che descriveremo nel seguito.

Presenteremo anche brevemente i buchi neri con carica elettrica, che sono soluzioni sia delle equazioni di campo di Einstein, sia di quelle dell'elettromagnetismo di Maxwell. I buchi neri carichi non sono importantissimi in astrofisica, perché (crediamo) la gran parte dei buchi neri esistenti nell'Universo sono praticamente neutri dal punto di vista elettrico. Però, sono utili a illustrare alcune idee interessanti, in particolare il concetto che, se un buco nero contiene troppa carica, l'orizzonte degli eventi non esiste più! Si ritiene, tuttavia, che non esista processo fisico che possa accumulare tanta carica elettrica in un buco nero da eliminare l'orizzonte; quindi un'affermazione più vicina alla realtà è che esiste una carica elettrica massima associata a un buco nero. Allo stesso modo, la rotazione di un buco nero di Kerr non può aumentare a dismisura. I buchi neri con carica o rotazione massima si chiamano «estremi». Sebbene la carica e la rotazione non modifichino di molto le proprietà generali dello spaziotempo al di fuori dell'orizzonte degli eventi, all'interno è tutta un'altra storia. Lì, dopo un certo periodo, il collasso dello spaziotempo (che nel caso di buco nero di Schwarzschild arriva fino alla singolarità) rallenta e si inverte, una volta arrivati al cosiddetto «orizzonte interno». Sebbene non sia una singolarità, l'orizzonte interno ha alcune proprietà molto strane, una delle quali è che le equazioni di campo in un certo senso «non funzionano» su di esso, e non riescono a prevedere correttamente cosa succede allo spaziotempo al suo interno. Se si ipotizza che la soluzione si possa estendere con continuità al di là di questo orizzonte interno, allora lo spaziotempo si espande a una nuova regione con proprietà ancora più bizzarre: una singolarità rappresentata da una massa negativa, e traiettorie percorribili a ritroso nel tempo. Analizzeremo tutte queste proprietà con maggiori particolari in questo capitolo.

Iniziamo con la motivazione alla base della ricerca di un buco nero rotante. Il momento angolare misura quanto ruota un corpo, ed è una quantità importante in fisica, per esempio perché, in un sistema isolato, si conserva. Una forza esterna (sotto forma di momento torcente) può cambiare il momento angolare del sistema, ma, come conseguenza della terza legge di Newton – che vale sia in meccanica quantistica sia in relatività – questo sarà bilanciato da un cambiamento uguale e opposto nel momento angolare dell'agente che esercita la forza esterna. Quasi tutti i pianeti, le stelle, o i buchi neri dell'Universo hanno un qualche momento angolare. Questo è causato da tutte le complesse dinamiche e interazioni con la materia circostante, durante la formazione e l'evoluzione dei corpi celesti. Non stiamo dicendo niente di nuovo, si tratta di meccanica classica, risalente per lo meno a Newton. Ma una delle conseguenze è che probabilmente i buchi neri reali, che possiamo trovare nell'Universo, presentano caratteristiche non compatibili con l'immagine fornita dai buchi neri di Schwarzschild, con momento angolare nullo.

Abbiamo quindi bisogno di una soluzione alle equazioni di campo che descriva un buco nero rotante, e vogliamo riuscire a recuperare la soluzione di Schwarzschild come caso particolare, quando la rotazione tende a zero. Dato che la soluzione di Schwarzschild fu pubblicata meno di un anno dopo la relatività generale,[1] potrà forse sembrare strano che si sia dovuto aspettare fino al 1963 perché Roy Kerr scoprisse la tanto agognata soluzione rotante. Schwarzschild partì dall'ipotesi di simmetria sferica, per calcolare la sua soluzione, ma, in realtà, un buco nero in rotazione distorce lo spaziotempo in modo da distruggere la simmetria sferica della geometria. Kerr si mise alla ricerca di una classe di soluzioni più generali, a simmetria cilindrica. Queste soluzioni hanno un singolo asse di simmetria, attorno al quale si può ruotare la geometria e non cambia nulla. Per esempio, un pallone da rugby è a simmetria cilindrica (se ignoriamo le cuciture, le irregolarità della superficie, e qualunque disegno ci sia

[1] Schwarzschild K., *Über das Gravitations feld eines Massenpunktes nach der Einsteinschen Theorie*, «Sitzungsberichte der Königlich Preußischen Akademie der Wissenschaften», 1916, pp. 189-96.

sopra). L'asse di simmetria va da una punta all'altra. Dopo un lancio fatto bene, il pallone ruoterà attorno al suo asse, e il movimento rotatorio non sarà visibile, a parte, appunto, cuciture e disegni. Se si lancia con meno maestria, il pallone da rugby si metterà a girare attorno a qualche altro asse, e si vedrà dondolare e rotolare durante il volo. Dischi e cilindri si comportano anch'essi in questo modo, avendo simmetria cilindrica. Anche una sfera, tecnicamente, è a simmetria cilindrica, ma la sua simmetria è molto maggiore, perché è simmetrica rispetto non solo a un asse particolare, ma rispetto a qualunque asse passante per il centro.

Risulta che, se la geometria dello spaziotempo ha simmetria sferica, le equazioni di campo sono molto più semplici rispetto all'ipotesi di simmetria cilindrica, e questa è una delle ragioni per cui ci volle così tanto, per arrivare alla soluzione di Kerr. Se si prova a rimuovere anche la condizione di simmetria cilindrica, le equazioni di campo diventano ancora di più difficili da risolvere, ed è naturale chiedersi se ci siano buchi neri ancora più complicati da scoprire, come soluzioni di queste equazioni. Non è così, grazie al notevole risultato del teorema dell'essenzialità, visto nel capitolo 3, per cui i buchi neri «non hanno peli». Ricordiamo che il teorema stabilisce la rapida scomparsa di qualunque caratteristica temporanea (i «peli» appunto) eventualmente presente sull'orizzonte degli eventi, e il suo assestamento in uno stato stazionario. In assenza di materia, o di cariche elettriche, lo stato stazionario è la metrica di Kerr. In altre parole, qualunque caratteristica non a simmetria cilindrica è per forza temporanea. Non esistono soluzioni stazionarie alle equazioni di campo di Einstein più complicate di quelle di Kerr.

Molte caratteristiche dei buchi neri non sono influenzate qualitativamente dalla rotazione: per esempio, c'è dilatazione del tempo tra osservatori vicini e lontani dal buco nero, che diventa infinita quando si arriva all'orizzonte; oppure, l'orizzonte è una frontiera attraversabile in un solo senso, e lo spaziotempo inizia a collassare su sé stesso dopo averlo attraversato; o ancora, le orbite che arrivano abbastanza vicino al buco nero possono diventare a rosetta rotante, scendendo rapidamente, facendo numerosi giri attorno al buco nero, per poi allontanarsi di nuovo. Però, i dettagli di questi effetti possono cambiare sostanzialmente e si possono osservare altri fenomeni, generati dal cambiamento della geometria al di fuori del buco nero causato dalla rotazione. Prima di tutto, come abbiamo detto, la geometria non è più a simmetria sferica. Nella metrica di Schwarzschild, le superfici con funzione intervallo temporale costante (cioè spostamento verso il rosso costante) sono le sfere. Nella metrica di Kerr, le superfici analoghe si appiattiscono sui poli, da cui passa l'asse di rotazione, e in corrispondenza si allargano all'equatore. Questo fenomeno è simile a quello relativo alla Terra, al Sole, o a ogni altro corpo celeste dotato di massa, che sarebbe sferico, ma si distorce a causa della rotazione. Più ci si avvicina all'orizzonte degli eventi, più velocemente ruota il buco nero e più la distorsione diventa evidente.

L'altro modo in cui il movimento circolare del buco nero cambia la geometria è che causa la rotazione dell'intero spaziotempo, facendolo muovere sempre più velocemente all'avvicinarsi all'orizzonte. Spiegheremo più in dettaglio cosa significa «rotazione dell'intero spaziotempo», descrivendo come questo influisca sulle geodetiche, ma un'analogia efficace potrebbe essere il moto vorticoso dell'atmosfera attorno a una tromba d'aria. Qui l'atmosfera rappresenta lo spaziotempo e le geodetiche sono le traiettorie di particelle di polvere (o sfortunati animali) sollevati dalla tromba d'aria e trascinati attorno all'imbuto della tromba. Nel contesto dello spaziotempo, questo si chiama appunto «effetto di trascinamento». La proprietà non è esclusiva dei buchi neri; in verità, anche la rotazione della Terra causa un effetto di trascinamento, ma a livelli infinitamente minori in confronto a un buco nero, tanto piccoli da poterli trascurare nella costruzione dei satelliti GPS. Solo recentemente si è riusciti a misurare l'effetto di trascinamento della Terra, nell'ambito delle missioni satellitari «Gravity Probe B» e LAGEOS.

Per iniziare a indagare su tutte le conseguenze dell'effetto di trascinamento, lanciamo di nuovo le nostre fide sonde spaziali, rilasciandole in quiete a grande distanza da un buco nero di Kerr, per tracciare la forma delle geodetiche. In un buco nero di Schwarzschild, a causa della sua simmetria sferica e dell'assenza di rotazione, possiamo definire qualunque piano che passi per la singolarità come piano equatoriale, e i due punti sull'orizzonte direttamente sopra e sotto il piano come polo nord e polo sud; ogni piano andrà bene quanto ogni altro. Nel caso di un oggetto rotante, come un buco nero di Kerr, è naturale definire nord e sud come i punti di intersezione tra l'asse di rotazione e l'orizzonte, e il piano equatoriale come il piano perpendicolare all'asse, passante per il centro. A causa dell'effetto di trascinamento e dell'asimmetria del buco nero di Kerr, ora diventa importante l'angolo, relativo all'asse di rotazione, della posizione da cui rilasciamo la sonda.

Consideriamo i due casi estremi: rilasciamo una sonda da un punto sull'asse, direttamente sopra al polo nord o sud, e un'altra dal piano dell'equatore. In uno spaziotempo di Schwarzschild, non ci sarebbe alcuna differenza: entrambe le sonde cadrebbero radialmente, come descritto nel capitolo 3. Lo stesso succede nello spaziotempo di Kerr per la sonda lasciata cadere sopra uno dei poli, sebbene l'esatta progressione di dilatazio-

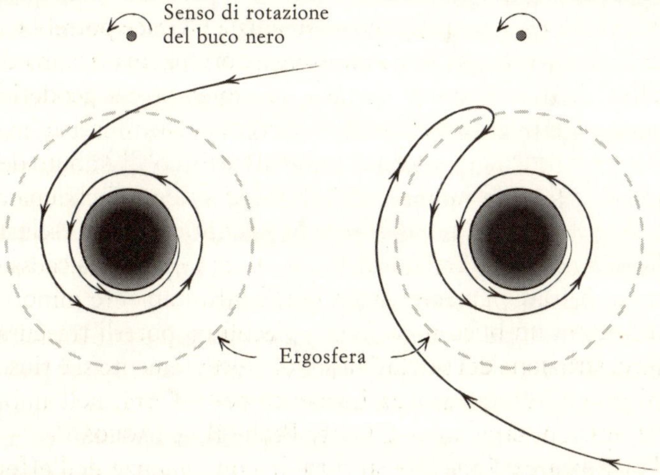

Figura 4.1
Effetto di trascinamento sulle geodetiche entranti in un buco nero di Kerr. Nella figura si vedono le traiettorie delle geodetiche; a sinistra la sonda ha momento angolare positivo rispetto alla rotazione del buco nero, a destra negativo.

ne temporale e spostamento verso il rosso mentre la sonda cade, osservata da lontano, sarà diversa. Lungo l'equatore è un'altra faccenda. La sonda inizierà a cadere radialmente verso l'interno, ma, avvicinandosi all'orizzonte, la rotazione inizierà a trascinarla attorno al buco nero. Vista da lontano, la sua traiettoria apparirà come una spirale sul piano equatoriale, che si attorciglia sempre più vicino all'orizzonte, ma non lo attraversa mai. La luce proveniente dalla sonda sarà spostata verso il rosso e dilatata nel tempo come nel caso della soluzione di Schwarzschild, ma ora sembrerà arrivare da un punto sull'orizzonte che ruota a velocità angolare fissa. Questa velocità sarà la stessa da qualunque punto sia partita la sonda, sebbene, partendo da punti diversi, le sonde finiranno su punti di latitudine diversa sull'orizzonte. Osservare il moto rotatorio di sonde che cadono dentro il buco nero è uno dei modi di misurare la sua velocità di rotazione.

Dal punto di vista della sonda in caduta libera, anch'essa vedrà il trascinamento. Come nello spaziotempo di Schwarzschild, arriverà e attraverserà l'orizzonte in un tempo finito, secondo il proprio orologio. Quindi siamo ancora in presenza di una disparità infinita tra la velocità di scorrimento del tempo di un osservatore che attraversa l'orizzonte rispetto a uno molto lontano. Inoltre, quando la sonda attraversa l'orizzonte, avrà osservato sé stessa girare attorno al buco nero un numero finito di volte. Un osservatore lontano non la vede mai attraversare l'orizzonte, piuttosto, la vede ruotare sull'orizzonte all'infinito, a velocità angolare costante. Quindi c'è anche una disparità infinita tra la misura locale e da lontano del numero di giri fatti dalla sonda attorno all'asse di rotazione del buco nero.

L'effetto di trascinamento su un'orbita più complicata della caduta libera polare o equatoriale descritte poc'anzi si può capire usando il concetto di «precessione del piano orbitale». Attorno a un buco nero di Schwarzschild, una geodetica orbitante attorno al buco nero si muove su un piano fisso bidimensionale passante per la singolarità. Questo si chiama «piano orbitale». In questo piano l'ellisse dell'orbita è soggetta a precessione, come descritto nel capitolo 3, ma rimane sempre sul piano. Vicino a un buco nero di Kerr, l'effetto di trascinamento fa ruotare l'intero piano orbitale attorno all'asse di rotazione, cioè causa la sua precessione. Quanto sia veloce questa precessione dipende dalla velocità angolare del buco nero, dall'inclinazione dell' orbita rispetto al piano equatoriale, e dalla distanza tra la sonda e il buco nero. Le orbite equatoriali rimangono sempre sul piano equatoriale, mentre le orbite che passano per l'asse di rotazione del buco nero hanno la precessione più consistente. Un'orbita lontana dall'orizzonte avrà precessione più piccola, indipendentemente dall'inclinazione, o dalla velocità angolare del buco nero. Quindi, di nuovo, come per i buchi neri di Schwarzschild, lontano dall'orizzonte la dinamica orbitale è descritta molto bene dalla fisica newtoniana. All'altro estremo, la precessione del piano orbitale può diventare particolarmente pronunciata per un'orbita a rosetta rotante, specialmente durante i giri in tondo attorno al buco nero. Qui, invece di orbitare su un cerchio, la sonda descriverà una forma su una porzione di sfera tra una latitudine fissa sopra e sotto il piano equatoriale. Per un'orbita equatoriale questo sarà un cerchio, ma nel caso di un'orbita polare la traiettoria riempirà l'intera sfera, durante i suoi giri.

L'effetto di trascinamento influenza anche le traiettorie non geodetiche, cioè quelle descritte da sonde munite di motori. Vicino all'orizzonte, all'interno dell'ergosfera, l'effetto di trascinamento è così forte che tutte le traiettorie di tipo tempo e quelle nulle sono costrette a ruotare attorno al buco nero nella stessa direzione. Al di fuori dell'orizzonte, ma sempre all'interno dell'ergosfera, anche mettendo i motori al massimo per cambiare il senso di rotazione, e per quanto potenti siano i motori, si viene trascinati dal buco nero in direzione del suo moto rotatorio. La forma dell'ergosfera è una versione appiattita dell'orizzonte; lo tocca ai poli e si estende più lontano lungo l'equatore (vedi fig. 4.3). Più alta è la velocità di rotazione del buco nero, più pronunciato sarà il rigonfiamento equatoriale dell'ergosfera. Curiosamente, c'è un limite superiore alla velocità di rotazione di un buco nero, che quando ruota alla velocità massima si chiama «estremo». Per un buco nero estremo di Kerr, l'ergosfera all'equatore ha un raggio doppio rispetto a quello dell'orizzonte. All'interno dell'ergosfera, tutte le particelle si muovono nella stessa direzione attorno al buco nero, benché sia possibile che questo moto sia più veloce o più lento, a seconda di dove si trova la particella, e se è soggetta ad altre forze, oltre alla gravità. Avvicinandosi all'orizzonte, quindi, la dilatazione del tempo e l'effetto di trascinamento, visti dall'esterno, lavorano insieme per far muovere tutte le particelle, che siano su una geodetica oppure no, in modo che ruotino attorno al buco nero alla stessa velocità angolare dell'orizzonte.

Perché un buco nero non può ruotare con velocità arbitrariamente elevata? Dal punto di vista matematico, le soluzioni di Kerr potrebbero avere velocità maggiore di quella estrema, ma allora l'orizzonte sparisce (cioè, non sono più buchi neri). Queste soluzioni presentano numerosi problemi, uno dei quali è che, senza un orizzonte, la singolarità nello spaziotempo è visibile

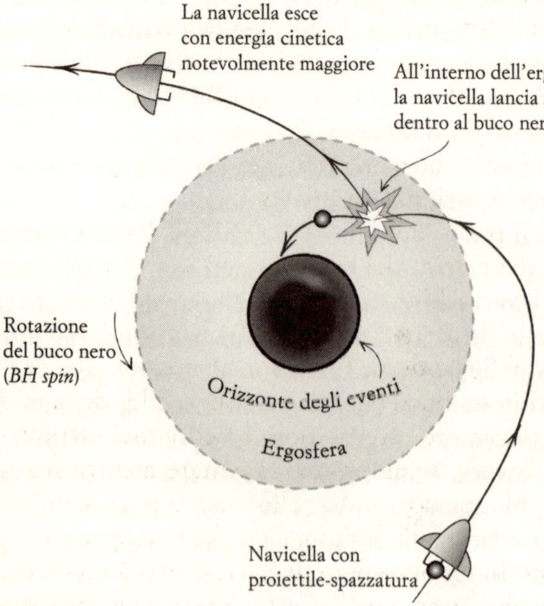

Figura 4.2
Illustrazione del processo di Penrose, guardando giù lungo l'asse di rotazione del buco nero sul piano equatoriale, dove orbitano la navicella e il proiettile.

a tutto l'Universo. E cosa ci sarebbe di male? Niente, in teoria, ma la relatività generale classica non riesce a prevedere cosa succeda al futuro causale di una singolarità, e quindi non riusciamo nemmeno a capire cosa voglia dire «visibile», qui. Usando modelli matematici, gli scienziati hanno cercato di simulare un buco nero rotante a velocità maggiore di quella estrema, o di formare singolarità senza orizzonte, ma, con condizioni simili a quelle che possono esistere nell'Universo reale, i tentativi sono tutti falliti. Questo fallimento fu previsto dozzine di anni fa dal fisico e matematico britannico Sir Roger Penrose, che formulò la cosiddetta «ipotesi di censura cosmica», secondo la quale tutte le singolarità possibili in natura sono nascoste da un orizzonte degli eventi. Dal punto di vista fisico, questa sarebbe una legge deludente, se in effetti la natura la seguisse. L'ipotesi corrente è che le singolarità dello spaziotempo previste dalla relatività generale siano luoghi in cui la teoria non vale più, e quello che succede andrebbe descritto con un'altra, nuova teoria, una teoria quantistica della gravità. Vedere questi eventi sarebbe di grandissimo aiuto per cogliere la vera natura della gravità quantistica, ma se avvengono solo dietro all'orizzonte degli eventi, è una bella fregatura. Torneremo su questo punto quando parleremo della collisione tra buchi neri, nel capitolo 6.

Facciamo il punto della situazione. La rotazione complica la struttura geometrica dei buchi neri di Kerr, in confronto a quelli di Schwarzschild, e impartisce una svolta inaspettata alle traiettorie di particelle vicine all'orizzonte: l'effetto di trascinamento. Se lanciamo un certo numero di sonde con luci lampeggianti in un buco nero di Schwarzschild, da ogni direzione, un osservatore esterno non le vedrà mai attraversare l'orizzonte. Invece, sembreranno rallentare mentre si avvicinano a esso, bloccandosi tutte nello stesso modo, con i lampi che arrivano sempre più di rado, e con luce sempre più virata verso il rosso. In un buco nero di Kerr, si vedrà una scena simile, eccetto che, a causa dell'effetto di trascinamento, questo «bloccarsi» delle sonde si traduce in un moto rotatorio alla stessa velocità del buco nero. Vogliamo ora descrivere come la rotazione dei buchi neri di Kerr offra un meccanismo per ricavarne energia.

Ricordiamo che, in relatività, la massa è equivalente all'energia ($E = mc^2$). Una forma comune di energia è l'energia cinetica, e l'equivalenza $E = mc^2$ implica che la materia si possa convertire in altre forme di materia più un certo ammontare di energia cinetica, e viceversa (per esempio durante una reazione nucleare). In un buco nero, tutta l'energia corrispondente alla sua massa è intrappolata, per lo meno ignorando effetti quantistici di cui parleremo nel capitolo 7. Però, la rotazione è una forma di energia cinetica, e in quanto tale si può estrarre da un buco nero. In realtà nulla verrebbe estratto dall'interno del buco nero; piuttosto, si potrebbe sfruttare l'energia rotazionale nello spaziotempo attorno al buco nero. Un modo per farlo è il cosiddetto «processo di Penrose», in onore del suo scopritore, lo stesso Penrose della congettura di censura cosmica. Il processo è il seguente (v. figura 4.2): una stazione spaziale orbitante attorno a un buco nero, a una certa distanza, manda una navicella a caccia di energia lungo una geodetica che entra all'interno dell'ergosfera. Le geodetiche equatoriali sono le più indicate per questa impresa. Una volta entrata all'interno dell'ergosfera, la navicella spara un proiettile pesante ad alta velocità in direzione opposta alla rotazione del buco nero. Naturalmente, a causa dell'effetto di trascinamento, sia il proiettile, sia la navicella appariranno muoversi attorno al buco nero nello stesso senso; la navicella andrà più veloce. È importante che il proiettile sia pesante, in confronto alla navicella, perché il rinculo sarà consistente. Il proiettile dovrà essere sparato in una direzione tale che il rinculo spinga la navicella su un'orbita che la rimandi sulla stazione spaziale, mentre il proiettile cade nel buco nero. Se la velocità iniziale del proiettile sarà sufficientemente alta, il suo momento angolare avrà segno opposto a quello del buco nero. Quando il proiettile viene inghiottito, la velocità angolare del buco nero stesso diminuirà di un ammontare corrispondente. Ma il momento angolare totale si conserva, e quindi (terza legge di Newton) la navicella deve aver acquistato energia cinetica. In realtà, finora non c'è niente di inusuale, o di particolare, nella nostra analisi del processo di Penrose. Di fatto, potremmo rifare l'esperimento mentale con il Sole al posto del buco nero, con gli stessi ragionamenti sulla conservazione del momento angolare. Il Sole, inglobando il proiettile, vedrebbe diminuito il proprio momento angolare, mentre la navicella ne guadagnerebbe una quantità equivalente, con conseguente aumento di energia cinetica. Però, in questo caso, la navicella non potrà mai guadagnare abbastanza energia cinetica per compensare la perdita dell'equivalente energetico della massa del proiettile. Nel buco nero rotante succede qualcosa di inusuale: se l'orbita è calcolata con cura, e il proiettile lanciato con precisione, la navicella può guadagnare tanta energia cinetica da compensare la perdita del proiettile, e avanzarne ancora. Non è facile trovare una spiegazione intuitiva di ciò che succede. Descriveremo invece una parte fondamentale dei calcoli che illustra un'altra bizzarra proprietà dell'estrema distorsione di tempo e spazio attorno ai buchi neri, e spiegheremo perché risulta fondamentale, nel processo di Penrose, che il proiettile sia sparato dall'interno dell'ergosfera.

Prima di tutto, dobbiamo fare una breve digressione per parlare dell'energia di un oggetto in orbita; l'energia può presentarsi sotto forme diverse. L'energia a riposo è la massa stessa, e questo è ciò a cui si riferisce la formula $E = mc^2$. Poi c'è l'energia cinetica, cioè l'energia del moto. E, per lo meno nella gravità newtoniana, c'è l'energia potenziale, che descrive quanto un oggetto si trovi in profondità, in un pozzo gravitazionale. L'energia potenziale è negativa, perché è l'energia che dovremmo aggiungere a un oggetto stazionario per sollevarlo fuori dal pozzo gravitazionale in cui si trova. Nella gravità newtoniana, l'energia meccanica totale di un oggetto in orbita (cioè la sua energia cinetica più l'energia potenziale gravitazionale) è costante, a patto che la sola forza agente sull'oggetto sia l'attrazione gravitazionale da parte di una grande massa stazionaria, come il Sole. Un cambiamento nell'energia cinetica è bilanciato da un cambiamento uguale e opposto nell'energia potenziale. In relatività generale, è più complicato dare una definizione

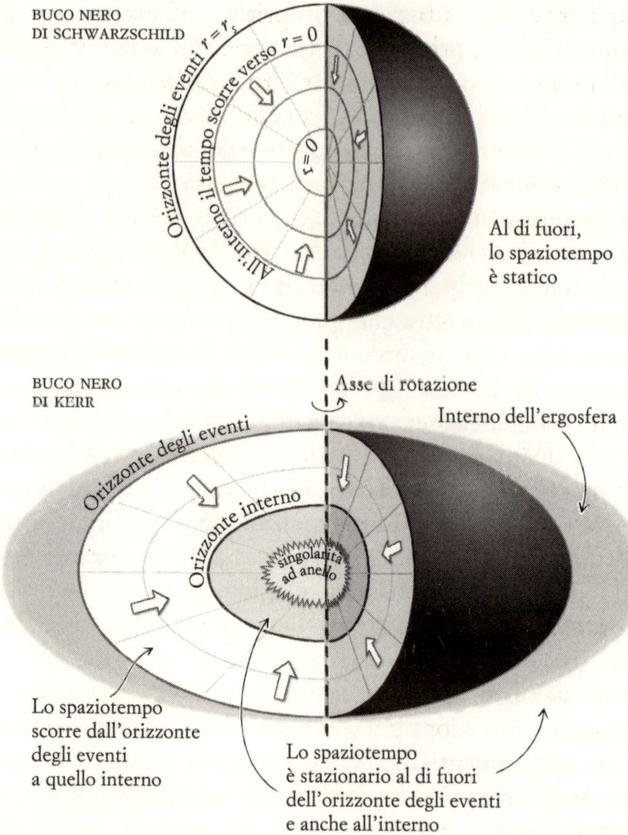

Figura 4.3
Schematizzazione della struttura interna dei buchi neri.

di energia potenziale che abbia senso in tutte le possibili versioni dello spaziotempo, ma, per lo meno per oggetti in moto nella geometria di Kerr, è possibile farlo. Il risultato è coerente con la definizione newtoniana, lontano dal buco nero. Quindi l'esito è che attorno a un buco nero di Kerr l'energia meccanica totale di un oggetto in orbita (che ora include la sua energia a riposo, cioè la massa) si può definire e, siccome l'oggetto orbitante segue una geodetica, l'energia totale è costante.

E qui troviamo la bizzarra proprietà dell'effetto di trascinamento. Ci sono orbite geodetiche nella geometria di Kerr, completamente contenute all'interno dell'ergosfera, con la proprietà che gli oggetti in orbita su di esse hanno energia potenziale talmente negativa da superare in grandezza l'energia a riposo e l'energia cinetica combinate. Ciò significa che la loro energia totale è negativa, e il processo di Penrose sfrutta proprio questo: mentre si trova all'interno dell'ergosfera, la navicella spara il proiettile in modo che si stabilizzi su una di queste orbite a energia totale negativa. A causa della conservazione dell'energia, la navicella acquisisce tanta energia cinetica da compensare la perdita della massa del proiettile, più l'equivalente positivo dell'energia negativa netta del proiettile. Dato che verrà inghiottito dal buco nero, non sarebbe una cattiva idea sparare un proiettile fatto di spazzatura. Non solo il buco nero lo consumerà senza alcun problema, ma ci renderà più energia di quanta ne avremo usata. Questa sì che è energia sostenibile!

L'ammontare massimo di energia estraibile da un buco nero di Kerr dipende dalla velocità angolare a cui ruota. Nel caso estremo (velocità massima), circa il 29% della sua energia è sotto forma di rotazione dello spaziotempo. Potrebbe sembrare poco, ma non dimentichiamo che stiamo parlando di energia a riposo: in confronto, la fissione nucleare rende meno dello 0,1% dell'energia a riposo.

La geometria dello spaziotempo all'interno dell'orizzonte di un buco nero rotante è drasticamente diversa dallo spaziotempo di Schwarzschild. Seguiamo la nostra sonda e vediamo cosa succede. Inizialmente il comportamento è simile al caso di Schwarzschild. Lo spaziotempo inizia a collassare, trascinando tutto con sé a raggi sempre minori, dove le forze di marea iniziano ad aumentare. Ma ora, nel buco nero di Kerr, prima che il raggio arrivi a zero, il collasso rallenta e inizia a invertirsi. Se il buco nero ruota velocemente, questo avviene molto prima che le forze di marea diventino tanto potenti da distruggere la sonda. Per capire la ragione di tale comportamento, ricordiamo che, in meccanica newtoniana, la rotazione è responsabile della forza comunemente chiamata «centrifuga». Questa non è una forza fondamentale, è piuttosto conseguenza di come si muovono i costituenti della materia quando sono in una configurazione rotatoria, e di come le forze fondamentali all'interno della materia si devono adattare per mantenere la rotazione. Il risultato si può interpretare come un'effettiva forza verso l'esterno, quella che si sente ogni volta ci si trova su una macchina che svolta bruscamente. Allo stesso modo, sappiamo bene che, stando su una giostra, più la giostra gira velocemente, più forte bisogna aggrapparsi ai sostegni, per non volare fuori. L'analogia non è perfetta, nel caso dello spaziotempo, ma è un buon modo di comunicare l'idea corretta. Il momento angolare, nello spaziotempo di un buco nero di Kerr, produce una forza centrifuga che contrasta l'attrazione gravitazionale. Quando il collasso all'interno dell'orizzonte comprime tutto lo spaziotempo su raggi sempre più piccoli, la forza centrifuga diventa più potente, fino a contrastare, e invertire, il collasso stesso.

Quando il collasso si ferma, la sonda ha raggiunto il cosiddetto «orizzonte interno» del buco nero. A questo punto le forze di marea sono deboli, e la sonda lo raggiunge in un tempo finito, dopo aver oltrepassato l'orizzonte degli eventi. Però, solo perché il collasso dello spaziotempo si ferma non significa che i nostri problemi siano finiti e la rotazione abbia in qualche modo aggiustato la singolarità tipica di un buco nero di Schwarzschild. Tutt'altro. Infatti, verso la metà degli anni sessanta, Roger Penrose e Stephen Hawking dimostrarono una serie di teoremi da cui si evince che se avviene un collasso gravitazionale, per quanto breve nel tempo, si crea una qualche forma di singolarità. Nel caso di Schwarzschild, si tratta di una singolarità devastante, onnipresente, che si sviluppa su tutto lo spazio all'interno dell'orizzonte. Nella soluzione di Kerr la natura della singolarità è diversa e piuttosto controintuitiva, data la nostra conoscenza del caso di Schwarzschild. Quando la sonda arriva all'orizzonte interno, la singolarità di Kerr si manifesta, ma lo fa nel passato causale della sonda. È come se la singolarità ci fosse sempre stata, ma solo ora il suo influsso raggiunge la sonda. Se questo vi sembra strano, è perché lo è. Diverse altre cose non tornano, in questa visione dello spaziotempo, quasi a suggerire che tale risposta non sia quella definitiva.

Il primo problema con la comparsa della singolarità nel passato di un osservatore arrivato all'orizzonte interno è che le equazioni di Einstein in questo caso non riescono a prevedere cosa succede allo spaziotempo al di là dell'orizzonte. In un certo senso, da una singolarità può scaturire qualunque cosa. Presumibilmente, un teorema di gravità quantistica riuscirà a spiegare cosa, in effetti, sbuca fuori, ma le equazioni di Einstein non danno nessuna indicazione. A titolo di curiosità, più avanti descriveremo cosa succede se imponiamo la condizione che l'attraversamento dell'orizzonte vada il più liscio possibile dal punto di vista matematico (cioè se le funzioni metriche sono «analitiche», come si dice in gergo), anche se, in realtà, non c'è alcuna giustificazione fisica per questa restrizione. A dire il vero, il secondo problema posto dall'orizzonte interno suggerisce esattamente l'opposto: nell'Universo reale, dove si trovano massa ed energia al di fuori del buco nero, lo spaziotempo diventa tutt'altro che omogeneo sull'orizzonte interno, e sviluppa una sorta di singolarità «annodata». Questa non è distruttiva quanto la singolarità della soluzione di Schwarzschild, con le sue infinite forze di marea, ma come minimo getta un'ombra sulla storia raccontata dalla metrica analitica e omogenea. Potrebbe essere una buona cosa, perché la metrica analitica racconta una storia veramente strana.

Prima di raccontarla, spiegheremo come e perché la materia al di fuori del buco nero possa avere una forte influenza sull'orizzonte interno. La ragione è la disparità nello scorrere del tempo all'interno e all'esterno, e l'influsso dell'inversione del collasso dello spaziotempo su questa disparità. Ricordiamo che nello spaziotempo di Schwarzschild, la disparità in questione è responsabile dello spostamento infinito verso il rosso e della dilatazione infinita del tempo, osservata dall'esterno, ed è la ragione per cui non si può vedere nulla al di là dell'orizzonte degli eventi. Questo è ancora vero nei buchi neri di Kerr, con le variazioni introdotte dall'effetto di trascinamento. In ogni modo, gli osservatori esterni non riescono a sbirciare dentro l'orizzonte degli eventi, e quindi non riusciranno mai a vedere la tragedia che si svolge sull'orizzonte interno. Il punto chiave per capire cosa sta succedendo è farsi la domanda opposta: cosa vede la sonda se guarda indietro, verso l'Universo al di fuori dell'orizzonte degli eventi, mentre sta cadendo verso l'orizzonte interno? Prima di tutto, gli effetti sullo scorrere del tempo sono opposti a quelli percepiti da un osservatore esterno che guarda verso l'interno. La sonda osserverà una contrazione del tempo (cioè, gli eventi esterni sembreranno scorrere sempre più veloci). Ci sarà anche uno spostamento gravitazionale verso il blu, cioè la frequenza della luce emessa da questi eventi sembrerà di lunghezza d'onda sempre più piccola. Fino a qui, gli effetti sono simili a quelli osservati dalla sonda mentre si avvicinava all'orizzonte degli eventi. Raggiunto l'orizzonte degli eventi, si potrebbe pensare che la contrazione del tempo e lo spostamento verso il blu diventino infiniti, analogamente all'infinita dilatazione del tempo e all'infinito spostamento verso il rosso osservati dall'esterno. Questo è quasi vero, se la sonda ha un motore tanto potente da rimanere ferma vicino all'orizzonte degli eventi, ma se la sonda è in caduta libera le sue osservazioni saranno piuttosto diverse. La caduta libera attraverso l'orizzonte degli eventi produce un consistente effetto Doppler che contrasta, in parte, la contrazione gravitazionale del tempo, e quindi una sonda in caduta libera che guardi indietro non vedrà niente di strano quando attraversa l'orizzonte. Però, una volta dentro, l'inversione del collasso dello spaziotempo causata dalla rotazione del buco nero la farà rallentare. All'avvicinarsi all'orizzonte interno, l'effetto Doppler non riuscirà a contrastare gli effetti gravitazionali sullo scorrere del tempo, e la contrazione (insieme allo spostamento verso il blu) diventerà infinita. In altre parole, in un intervallo finito di tempo proprio, la sonda riuscirà a «vedere» tutta l'infinita evoluzione temporale dell'Universo esterno! O meglio, non proprio, e questa è la ragione per cui abbiamo scritto «vedere» tra virgolette. Il problema è che i fotoni con lunghezza d'onda più piccola hanno energia più alta, e quindi, prima di arrivare all'orizzonte interno, i fotoni avrebbero un tale spostamento verso il blu da incenerire una sonda fatta di qualunque materiale conosciuto. Questo fenomeno è chiamato «parete blu», e si può ben capire come renda poco probabile l'analiticità dell'orizzonte interno, eccetto nel caso di un ambiente «sterilizzato», cioè un buco nero di Kerr nel vuoto perfetto, senza fotoni o materia nello spaziotempo.

Con questa grossa riserva, esploriamo la possibilità di estendere la soluzione di Kerr nel modo più analitico possibile sull'orizzonte interno. Quando attraversa questo orizzonte, la sonda entra in una nuova zona dell'Universo. Qui, la singolarità è sempre visibile, e non c'è orizzonte degli eventi. La singolarità ha la forma di un anello in rotazione, e la curvatura e le forze di marea tendono a infinito quando ci si avvicina a esso. Però, al contrario della singolarità nella soluzione di Schwarzschild, che avviene in un istante nel futuro di tutte le traiettorie entranti, la singolarità ad anello di Kerr è un luogo spaziale ben definito, e la sonda lo può evitare, usando un paio di stratagemmi diversi. Uno è iniziare a spostarsi verso l'esterno, su raggi più grandi, fuori dalla posizione radiale in cui si trova l'orizzonte interno. In questo scenario, lo spaziotempo incanala la sonda in una regione di spaziotempo corrispondente a un buco bianco. Viene estromessa velocemente, mentre questa zona di spaziotempo si evolve e diventa un nuovo buco nero di Kerr, con rotazione e massa identiche a quello di cui la sonda aveva originariamente attraversato l'orizzonte interno. La sonda non può ritornare al buco bianco perché, come nel caso di Schwarzschild, il buco bianco è ora nel suo passato, e rimane solo il buco nero. Però, la sonda può continuare all'infinito questo tipo di moto: la caduta nel buco nero, l'attraversamento dell'orizzonte interno, la fuga attraverso il nuovo buco bianco, e poi la caduta in un altro buco nero. L'estensione analitica di Kerr ci dà una sequenza infinita di buchi neri collegati da buchi bianchi.

L'altra opzione è che, una volta attraversato l'orizzonte interno, la sonda continui a muoversi verso l'interno, attraverso la singolarità ad anello. Va bene, è passata attraverso un anello. Non poteva girarci attorno e finire nello stesso posto? Stranamente, no. L'ipotesi di massima analiticità implica che, passando attraverso l'anello, la sonda emerga in un'altra regione distinta di Universo. Anche questa si può descrivere con la metrica della soluzione di Kerr con la stessa rotazione, ma con massa opposta al buco nero originale; in altre parole, lo spaziotempo ha una singolarità nuda (cioè senza orizzonte degli eventi) di massa negativa. Lì, la forza gravitazionale prodotta dalla singolarità risulta repulsiva e le geodetiche portano lontano dal centro. Ancora più stranamente, c'è una regione di spaziotempo con curve chiuse di tipo tempo. Un cerchio è un esempio di curva chiusa: ha lunghezza finita e, partendo da un punto qualunque e spostandosi su di esso, percorsa l'intera lunghezza si torna al punto di partenza. Ma le curve chiuse «normali» sono di tipo spazio. Se ci si muove su un cerchio, si va anche in avanti nel tempo, e quindi, quando si torna al punto di partenza, ci si trova nello stesso punto dello spazio, ma in un istante diverso di tempo, nel futuro rispetto alla partenza. Questa è una curva di tipo tempo, ma non è chiusa. Nel caso di una curva chiusa di tipo tempo, quando si torna al punto di partenza, si torna anche nel passato, all'istante in cui si era partiti.

Essenzialmente, in questa regione abbiamo delle macchine del tempo, sotto forma di curve chiuse di tipo tempo. Se si resta lontano dalla singolarità, le curve chiuse non esistono e lo spaziotempo sembra piuttosto normale. Tuttavia, ci sono traiettorie possibili da seguire (non sono geodetiche, quindi ci vuole un motore) che portano nella regione con le curve chiuse di tipo tempo. Una volta lì, ci si può muovere in entrambe le direzioni della coordinata *t* corrispondente al tempo di osservatori distanti, ma sempre solo in avanti rispetto al tempo proprio. Quindi, si può arrivare a qualunque istante *t* nel futuro, e poi tornare in zone distanti dello spaziotempo, arrivando perfino prima di essere partiti. Naturalmente, ora si scatenano tutti i paradossi associati con i viaggi nel tempo, per esempio: cosa succede se alla fine del viaggio incontriamo noi stessi nel passato e ci convinciamo a non partire? Se queste versioni dello spaziotempo possono effettivamente esistere, e come si risolvono i paradossi, ammesso che siano risolvibili, sono questioni che vanno al di là della portata di questo libro. Però, così come il problema della singolarità all'orizzonte interno (la parete blu), ci sono indicazioni, nella relatività generale, che regioni di spaziotempo comprendenti curve chiuse di tipo tempo debbano essere instabili e possano diventare singolari se si trova materia, o energia, su una di esse. Inoltre, in un buco nero rotante formatosi nel nostro Universo, la parete blu stessa potrebbe impedire di formarsi alla regione di massa negativa, e a tutti gli altri universi di Kerr raggiungibili attraverso i buchi bianchi. Ciò nonostante è interessante trovare questo tipo di soluzioni nella relatività generale. È facile scartarle bollandole come «patologiche», ma non dimentichiamo che Einstein e molti dei suoi contemporanei fecero lo stesso con i buchi neri.

Terminiamo il capitolo con una breve analisi dei buchi neri carichi. Abbiamo accennato al fatto che i buchi neri non hanno «peli», cioè non danno alcuna indicazione sulla struttura dello spaziotempo che possa dirci quali oggetti sono caduti al loro interno. In un certo senso, hanno cattiva memoria e riescono a ricordare solo la massa e il momento angolare totali delle cose che inghiottono. Ma cosa succede se buttiamo un elettrone in un buco nero? Se il buco nero lo cancella, che fine fa la sua carica? Se sparisse, si tratterebbe di una violazione del principio di conservazione della carica, una legge sacra della fisica delle particelle. Fortunatamente i buchi neri posso avere «peli» a causa di forze a largo raggio, legate alle cariche conservate; queste forze sono descritte dall'elettromagnetismo. Le soluzioni delle equazioni di Maxwell e di quelle di Einstein si chiamano «metriche di Kerr-Newman». Sono univocamente caratterizzate dalla massa, dalla rotazione, e dalla carica elettrica. In verità, la soluzione che descrive un buco nero carico, ma non rotante, fu scoperta molti anni prima, e si chiama «buco nero di Reissner-Nordström», dal nome dei suoi scopritori. La ragione per cui la soluzione di Reissner-Nordström fu scoperta molto prima è che, come nel caso della soluzione di Schwarzschild, lo spaziotempo non rotante del buco nero di Reissner-Nordström ha simmetria sferica, e quindi le equazioni di campo sono molto più semplici. È interessante notare che la carica, di per sé stessa, impone condizioni simili a quelle causate dal momento angolare sulla struttura interna dei buchi neri. Ci sono orizzonti interni, pareti blu, e universi multipli collegati. Però, senza rotazione la singolarità ad anello si riduce a un punto, e quindi non ci sono regioni di massa negativa con curve chiuse di tipo tempo nello spaziotempo di Reissner-Nordström.

Un'altra analogia con la rotazione è che il campo elettrico di un buco nero carico produce effettivamente una pressione verso l'esterno simile alla forza centrifuga nella soluzione di Kerr. Questa pressione effettiva è collegata all'esistenza di un orizzonte interno nella soluzione di Reissner-Nordström. Quindi esiste un ammontare massimo di carica, arrivato alla quale il buco nero diventa «estremo», e l'orizzonte degli eventi sparisce, rivelando una singolarità nuda. Così come nel caso della rotazione, sembra difficile – o addirittura impossibile – continuare ad aggiungere carica dello stesso segno a un buco nero. Siccome le cariche dello stesso segno si respingono, alla fine la repulsione diventa tanto forte che non si riesce più ad aggiungerne. Nel nostro Universo, si pensa che i buchi neri siano per la maggior parte elettricamente quasi neutri. Se in qualche modo acquisissero una carica consistente, ben presto inizierebbero ad attirare ioni con carica opposta, o elettroni, dal mezzo interstellare, ritornando alla neutralità.

5.

Buchi neri nell'Universo

Gli anni sessanta e settanta, un periodo chiamato «l'età dell'oro della relatività generale», rappresentarono un punto di svolta nello studio dei buchi neri. Il modello teorico moderno, descritto nei capitoli precedenti, fu per la gran parte delineato in quel periodo per mezzo di nuove tecniche matematiche e importanti intuizioni di molti scienziati, tra cui John Wheeler, Kip Thorne, Werner Israel, Roger Penrose e Stephen Hawking. Nello stesso periodo, gli astronomi scrutavano l'Universo sempre più in profondità, usando telescopi ottici e radio sempre più sensibili, e riuscendo a vedere per la prima volta l'immagine del cielo attraverso i raggi X. Furono così scoperte due nuove classi di corpi celesti: i quasar e le stelle binarie a raggi X, che, oggi, pensiamo possano nascondere dei buchi neri.

Una stella binaria a raggi X è un sistema stellare composto di una stella ordinaria in orbita ravvicinata attorno a una compagna, invisibile, probabilmente una nana bianca, una stella di neutroni, o un buco nero. L'intensa emissione di raggi X da parte di questi sistemi si spiega con il trasferimento di materia dalla stella visibile a quella invisibile.

Se non riusciamo a vedere il secondo corpo celeste, come facciamo a sapere che c'è? La risposta è l'effetto Doppler sui fotoni provenienti dall'atmosfera della stella visibile, causato dal moto orbitale della stella binaria. Gli atomi e le molecole assorbono ed emettono fotoni solo a lunghezze d'onda ben precise, chiamate «linee spettrali» e l'insieme di queste linee è una caratteristica unica e propria di ogni atomo o molecola. Per esempio, la luce dei lampioni stradali, a vapori di sodio, appare giallo brillante perché l'emissione predominante viene da due linee spettrali del sodio, a 589 e 589,6 nanometri. Quando gli astronomi guardano una stella, vedono diverse linee spettrali di assorbimento ed emissione dagli atomi e le molecole nell'atmosfera della stella. Se la stella è parte di un sistema binario, le linee saranno alternativamente spostate verso il rosso o verso il blu, in maniera periodica, a causa del moto orbitale della stella attorno alla sua compagna. Lo spostamento alternato verso il rosso e verso il blu è lo stesso fenomeno visto in relazione alle orbite a rosetta rotante nel capitolo 3.

Quindi ora sappiamo che la stella a raggi X è binaria, anche se vediamo una stella sola. Ma come facciamo a sapere che in certi casi, come per Cyg X-1 (una binaria a raggi X molto brillante, nella costellazione del Cigno), la compagna è in realtà un buco nero? Forse, potrebbe suggerire uno scettico, la compagna è solo tanto fioca da non essere visibile. La replica a quest'ipotesi è semplice: la compagna invisibile ha massa troppo grande per essere poco luminosa. Per giustificare questa semplice risposta, abbiamo bisogno di ulteriori osservazioni, delle leggi di Keplero sul moto orbitale, e della teoria dell'evoluzione stellare. Prima di tutto, le osservazioni. Dall'effetto Doppler, non solo si può capire che la stella è binaria, ma si possono anche dedurre alcuni particolari dell'orbita. Il periodo di oscillazione delle linee spettrali è esattamente uguale al periodo orbitale della stella binaria. L'esatta variazione dell'effetto Doppler durante un periodo dà indicazioni sull'ellitticità dell'orbita. L'ampiezza della variazione dà il limite inferiore della velocità massima della stella (sarebbe la velocità massima se il piano dell'orbita fosse esattamente allineato con la nostra visuale, ma solo in rare circostanze gli astronomi riescono a capire l'inclinazione dell'orbita). Usando queste osservazioni, insieme con le leggi di Keplero, troviamo un limite inferiore per la somma delle masse delle due compagne nel sistema binario. Possiamo quindi dedurre la massa della stella invisibile, se riusciamo a calcolare la massa di quella visibile. Ed è qui che entra in gioco la teoria dell'evoluzione stellare. Una volta note la luminosità e la temperatura superficiale della stella (entrambe deducibili dall'osservazione diretta), le informazioni sull'evoluzione stellare sono sufficienti a darci una stima abbastanza accurata della sua massa.

La vita di una stella è il risultato della concorrenza di forze diverse: la forza attrattiva di gravità, verso l'interno, e forze di pressione verso l'esterno. Questo è vero anche per un pianeta, come la Terra, ma, al contrario dei pianeti, le stelle hanno massa troppo grande perché la pressione generata dalla materia fredda riesca a bilanciare la gravità, per lo meno nei primi stadi della loro vita.[1] La progenitrice di una stella è una nuvola di gas (idrogeno, principalmente) che implode. Durante il collasso della nuvola, la pressione e la temperatura nel nucleo aumentano finché la temperatura diventa così alta da scatenare la fusione nucleare dell'idrogeno. La fusione rilascia un'enorme quantità di energia sotto forma di fotoni e neutrini, riscaldando ulteriormente il nucleo, al punto che la pressione termica diventa sufficiente a fermare il collasso gravitazionale, e così nasce una stella. All'apparenza, vista dall'esterno, la stella è in equilibrio, ma la composizione chimica del nucleo continua a modificarsi, con il consumo dell'idrogeno e la conseguente produzione di elio. Quello che succede quando l'idrogeno nel nucleo finisce dipende dalla massa della stella. Senza elencare tutti i dettagli e tutte le possibilità, vogliamo sottolineare che per le stelle più pesanti (da 10 a 100 volte la massa del Sole) ci saranno diverse fasi di equilibrio, intervallate da episodi di contrazione, che causano l'aumento della temperatura e della pressione nel nucleo, fino a scatenare nuovamente la fusione nucleare. Questo processo continua fino a che non si forma un nucleo ferroso.

Prima di parlare degli stadi finali dell'evoluzione stellare, possiamo tornare alla domanda di come dedurre la massa di

[1] Si potrebbe obiettare che la Terra non è fredda: il nucleo raggiunge quasi i 6000 Kelvin. Pur essendo vero, la pressione termica non è necessaria al nostro pianeta per sostenere la massa: la pressione derivante dalla degenerazione elettronica ed elettrostatica sarebbe sufficiente a bilanciare la gravità anche se la Terra fosse a 0 Kelvin.

una stella a partire dalla luminosità e dalla temperatura superficiale. È più semplice pensare la questione alla rovescia: se conosciamo la massa di una stella e la sua composizione chimica, possiamo calcolare la temperatura superficiale e la sua luminosità, con le equazioni della struttura stellare. Ci sono molti particolari tecnici, ma i principi di base sono i seguenti: una stella di massa più grande ha bisogno di più pressione termica per contrastare la gravità, quindi ci sarà più fusione nucleare, che rilascerà più fotoni, e la stella sarà più brillante. Il centro della stella sarà più caldo, e la temperatura scenderà muovendosi verso l'esterno, raggiungendo il minimo sulla superficie. La temperatura superficiale dipende dalla struttura della stella, ma, per lo meno nella fase iniziale in cui si brucia l'idrogeno – che gli astronomi chiamano «sequenza principale» – le stelle più massicce hanno anche maggiore temperatura superficiale. La temperatura superficiale determina il colore percepito della stella. Quindi, osservando il colore e la brillantezza di una stella, gli astronomi riescono a invertire questi calcoli e fare una stima della sua massa e della sua composizione.

Cyg X-1 contiene una stella con temperatura superficiale stimata attorno ai 30 000 Kelvin, e una massa pari a circa 20 masse solari. Una temperatura così alta la rende azzurrina nel cielo notturno (sebbene sia così lontana da essere osservabile solo con un ottimo binocolo, o meglio ancora, con un telescopio), ed essendo più di dieci volte più grande del Sole si classifica come «supergigante blu». Usando l'effetto Doppler osservato si ricava un modello dell'orbita, e si può dedurre che la compagna invisibile abbia una massa pari a circa 15 masse solari. Ma perché dev'essere per forza un buco nero? La risposta, ancora una volta, viene dalla teoria della struttura stellare. Come spiegato poc'anzi, durante la sua evoluzione, una stella passa attraverso diversi stadi di consumo del carburante nucleare, con conseguente rilascio di energia che contrasta la gravità. Le reazioni nucleari continuano fino a che si formano atomi con nuclei di massa simile a quella del ferro. Questi sono i nuclei più stabili, e la loro fusione o fissione nucleare richiede energia.[2] A questo punto gli atomi sono completamente ionizzati, con tutti gli elettroni a formare una nuvola di gas di Fermi tutt'attorno. Un effetto di questo stato degenerato della materia è che esercita una pressione notevole (perfino a temperatura nulla), chiamata «pressione di degenerazione». Per una stella piccola, come il Sole, la pressione di degenerazione elettronica sarà sufficiente a sostenere il nucleo stellare, una volta che la fusione nucleare si sarà fermata (incidentalmente, per stelle di massa minore questo succede prima che si formi il ferro), e la sua vita terminerà sotto forma di nana bianca.

Per stelle di massa più grande, gli ultimi stadi dell'evoluzione sono i più teatrali. Una volta che il nucleo stellare cresce al di là del cosiddetto «limite di Chandrasekhar» – che è circa 1,4 volte la massa del Sole – la pressione di degenerazione elettronica non basta più a sostenerlo, e implode. La sua temperatura e densità aumentano rapidamente, e fotoni ad alta energia iniziano a disintegrare il ferro. In questo denso ambiente, gli elettroni e i protoni liberi si combinano a formare neutroni, cosicché si forma un gas di neutroni. I neutroni sono fermioni, quindi anch'essi esercitano una pressione di degenerazione che risulta molto più grande di quella degli elettroni, tanto grande da fermare il collasso del nucleo. Questo è un processo piuttosto rapido e violento, che genera un'onda d'urto attraverso la stella. Sebbene i particolari siano ancora avvolti nel mistero, secondo gli astronomi questo è l'inizio del processo osservabile come supernova di tipo II. Durante questo processo, gli strati più esterni della stella sono espulsi violentemente, e un po' del loro materiale costituente cade nuovamente nel nucleo, che è ora una protostella di neutroni.

[2] La forma più comune di ferro, con 56 protoni e neutroni, ha la massa a riposo per nucleone più piccola di qualunque altro elemento. Un isotopo di nichel con 62 protoni e neutroni ha in realtà un'energia di legame più alta. Capire perché il ferro comune risulti più frequentemente del nichel-62 richiede un resoconto piuttosto dettagliato dell'evoluzione stellare. Per i nostri scopi, la cosa importante è che i nuclei più stabili sono nel gruppo del ferro, e quindi sono il risultato finale naturale del processo di fusione nucleare.

Analogamente al limite di Chandrasekhar per le stelle sostenute dalla pressione di degenerazione elettronica, esiste anche un limite superiore per la massa sostenibile dalla pressione di degenerazione neutronica, talvolta chiamato «limite di Tolman-Oppenheimer-Volkoff», o «limite TOV». La fisica della materia nucleare a densità estrema, che descrive l'interno di una stella di neutroni, non è ancora ben compresa, e quindi c'è grande incertezza sul valore del limite TOV. Dalle osservazioni di stelle di neutroni sappiamo che è almeno 2 masse solari. La teoria dice che non può valere più di 3 masse solari, nella ragionevole ipotesi che nella stella di neutroni le onde sonore non possano propagarsi con velocità maggiore di quella della luce. Se si accumula una quantità sufficiente di materiale nel nucleo, cosicché la massa supera il limite TOV, la protostella di neutroni implode anch'essa. Ci potrebbero essere fasi della materia ancora da scoprire, al di là della densità nucleare, ma se il suono in queste nuove fasi si muove meno velocemente della luce, non è possibile sostenere un nucleo più grande di 3 masse solari, e la relatività generale prevede la creazione di un buco nero.

Torniamo a Cyg X-1. Sappiamo che la sua compagna ha una massa di circa 15 masse solari. Esistono stelle di massa anche maggiore (una è proprio la stella visibile di Cyg X-1!), ma siccome è invisibile, possiamo dedurre che i processi termodinamici solitamente responsabili del sostentamento delle stelle normali non sono sufficienti a sostenere la sua massa. Però, 15 masse solari è un valore al di sopra del limite TOV. Quindi concludiamo che la compagna non può essere una stella ordinaria, tipo una nana bianca, o una stella di neutroni, o un altro oggetto simile a una stella composto di materia normale (barionica).

Forse è una stella fatta di materia oscura! La materia oscura è costituita di ipotetiche particelle che interagiscono molto debolmente (o per niente) con la materia ordinaria. È per questo che non si può «vedere» la materia oscura, perché la sua interazione con il campo elettromagnetico è troppo debole, e non produce abbastanza fotoni da renderla visibile. L'ipotesi dell'esistenza della materia oscura nacque diverse dozzine di anni fa per spiegare la seguente osservazione: su scala galattica, o maggiore, gli astronomi vedono le stelle e le galassie muoversi come se l'attrazione gravitazionale su di esse fosse molto più forte di quella deducibile dalla massa degli oggetti attorno a loro: stelle, polvere, gas, luce, neutrini, e così via. Non abbiamo idea di quale sia la causa di questa forza anomala, ma, oggi come oggi, molti scienziati scommetterebbero sull'esistenza di qualche forma di materia oscura. Continuando su questa linea di pensiero, la materia oscura potrebbe accumularsi a formare oggetti neri e compatti, uno dei quali potrebbe essere la compagna invisibile in Cyg X-1.

Figura 5.1
Una possibile descrizione di un sistema stellare binario con buco nero, come Cyg X-1. La stella potrebbe avere un raggio di milioni di chilometri, mentre il raggio del buco nero nascosto al centro del disco di accrescimento potrebbe essere di qualche centinaio di chilometri al massimo. Quindi, la parte interna del disco, attorno all'orbita stabile più interna (dove avviene la maggior parte delle emissioni di raggi X) è troppo piccola per vedersi nella scala di questa figura. Ci potrebbe anche essere un flusso di materiale uscente dalla regione più interna del disco, alimentato dalla rotazione del buco nero.

Però, l'ipotesi della materia oscura non è in contraddizione con i buchi neri (anzi, alcuni sostengono che i buchi neri siano proprio la materia oscura), quindi dovremmo elaborare ulteriormente la congettura, affinché una stella di materia oscura diventi un candidato teoricamente plausibile per il corpo celeste che si nasconde in stelle binarie come Cyg X-1.

Ci sono altri indizi coerenti con il fatto che la compagna invisibile in Cyg X-1 sia un buco nero. Il più convincente è l'emissione di raggi X proveniente dalla zona in cui si trova. Sebbene la stella visibile emetta alcuni fotoni alla frequenza dei raggi X, questi non sono abbastanza per spiegare la quantità di raggi X rilevati. Se la compagna è un buco nero, è abbastanza vicina alla stella da catturare grandi quantità di gas e polvere dal vento stellare. Questo materiale orbita attorno al buco nero in un disco schiacciato, ma, a causa della viscosità del materiale, e di effetti magnetici, si avvicina lentamente al buco nero, finché non incontra l'orbita circolare stabile più interna. Dal capitolo 3 sappiamo che questa è la geodetica più vicina al buco nero che non ci cade dentro. Per un buco nero non rotante, di Schwarzschild, l'orbita ha raggio uguale al triplo del raggio dell'orizzonte, ma per un buco nero rotante è più vicina, arrivando a essere uguale all'orizzonte degli eventi in un buco nero a rotazione massima. Arrivato sull'orbita stabile più interna, il gas cade dentro il buco nero, che quindi continua ad accumulare materiale, ed è per questo che il disco di materia attorno al buco nero si chiama «disco di accrescimento». Durante la lunga migrazione verso l'orbita stabile più interna, il gas si scalda. La fonte di energia responsabile di tale riscaldamento è l'energia potenziale liberata mentre il gas scende.[3] Più il gas si avvicina al buco nero, più si scalda, e i fotoni che

[3] Si tratta della stessa energia potenziale di cui abbiamo parlato nel capitolo 4. La differenza qui è che l'energia cinetica acquisita dalle molecole del gas per compensare la perdita di energia potenziale durante lo spostamento della loro orbita è distribuita uniformemente nel gas, a causa delle collisioni tra molecole vicine. Questo processo alla fine si traduce in un aumento della temperatura del gas. L'energia potenziale gravitazionale è anche lo stesso tipo di energia associata con gli oggetti a diversa altezza rispetto alla superficie della Terra: esamineremo questo concetto più avanti, anche in relazione con il disco di accrescimento.

emette hanno energia media più alta. Quindi i fotoni a energia maggiore arrivano da una zona vicina all'orbita stabile più interna. Il raggio di questa orbita è legato alla massa del buco nero, perciò i fotoni a energia massima emessi da un disco di accrescimento danno un'indicazione della dimensione del buco nero. Nel caso di buchi neri con massa diverse volte maggiore del Sole, come quello che crediamo si trovi in Cyg X-1, questo corrisponde all'emissione di raggi X. Inoltre, flussi irregolari di materiale nel disco possono causare variazioni della luminosità dei raggi X, chiamate «oscillazioni quasi periodiche», e il periodo più breve di queste oscillazioni corrisponde al periodo orbitale delle particelle sull'orbita stabile più interna. Nei buchi neri di massa stellare, la variabilità è dell'ordine di qualche centinaio di hertz (cioè, una variazione temporale di diversi millisecondi), che si può osservare in Cyg X-1 e in molte altre stelle che si pensa possano essere sistemi a raggi X binari comprendenti un buco nero.

La nostra spiegazione del perché la compagna invisibile debba essere un buco nero è molto semplice (ha massa troppo grande per essere qualunque altra cosa), ma si basa su una lunga catena di ragionamenti teorici. Alcuni di essi hanno basi molto solide, costituite da osservazioni ed esperimenti (ad esempio l'evoluzione stellare a densità minore di quella nucleare), altri sono più incerti (la natura della materia a densità nucleare), e uno è plausibile, ma completamente campato in aria (non esistono stelle compatte, fatte di materia oscura, che emettono raggi X). Quindi un'affermazione più prudente sarebbe che le proprietà osservabili dei sistemi binari a raggi X di grande massa come Cyg X-1 sono coerenti con l'esistenza di un buco nero, e non si è trovata una spiegazione alternativa all'interno di teorie convenzionali e verificate. Prima del 14 settembre 2015, questa era la dimostrazione migliore dell'esistenza fisica di un buco nero che si potesse trovare. Quel giorno, LIGO rilevò la collisione di due buchi neri, e tutto cambiò. Non è scientificamente possibile fare un'affermazione certa al cento per cento su una cosa di questo genere, ma l'osservazione di una collisione per mezzo di onde gravitazionali elimina immediatamente tutti i ragionamenti teorici non incentrati sulla gravità, necessari per spiegare Cyg X-1 (o i quasar, di cui parleremo tra breve), basati solo sulle proprietà della relatività generale nel vuoto. Nel capitolo 6 daremo una spiegazione più dettagliata di questa osservazione entusiasmante, che risultò nella fondazione di una nuova branca dell'astronomia.

Nell'Universo esiste un altro tipo di buchi neri associati ai quasar, e dal finire degli anni sessanta a oggi si sono raccolte sempre più prove della loro esistenza. Il nome «quasar» fu inventato negli anni sessanta, derivato da «oggetto quasi-stellare», che, al tempo, significava: «non abbiamo idea di cosa siano questi oggetti, ma sappiamo che sono brillantissimi». Ora sappiamo che i quasar sono esempi di «nuclei galattici attivi»: regioni al centro della galassia attorno a un enorme buco nero, piene di materia che emette notevoli quantità di radiazioni durante la sua discesa a spirale verso la singolarità. I quasar sono estremamente brillanti e lontani: molti miliardi di anni luce. Per farsi un'idea dell'enormità di questa distanza, basta pensare che la nostra galassia è grande solo 100 000 anni luce! (Un anno luce è un po' meno di 10 trilioni di chilometri). I quasar sono molto più brillanti di un'intera galassia con miliardi di stelle. Si pensa che i buchi neri al centro dei quasar abbiano massa tra diversi milioni e qualche miliardo di masse solari, e si chiamano «supermassicci». Quindi, in un certo senso, i quasar sono molto più interessanti della prima collisione tra buchi neri rilevata da LIGO, che risultò nell'emissione di solo 3 masse solari di energia da parte di due buchi neri la cui massa totale era circa 65 masse solari. Però, quelle 3 masse solari di energia furono espulse dalla collisione in qualche decimo di secondo. Riuscite a immaginare cosa succederebbe nella collisione tra due buchi neri supermassicci?

Come nel caso delle stelle binarie a raggi X, prima di asserire che i quasar hanno un buco nero al loro centro, dobbiamo procedere con prudenza. Questa ipotesi risale al 1969, quando l'astrofisico inglese Donald Lynden Bell si rese conto che i buchi neri rappresentavano una spiegazione dell'estrema luminosità dei nuclei galattici attivi, sebbene lui li chiamasse, ironicamente, «gole di Schwarzschild», un termine suggerito da John Wheeler qualche anno prima. Il meccanismo suggerito da Lynden Bell per spiegare le emissioni luminose da un quasar è lo stesso che spiega l'emissione di raggi X da Cyg X-1: un disco di accrescimento. La differenza è che, siccome il buco nero è enormemente più grande, la luminosità del disco di accrescimento ha il suo massimo a lunghezze d'onda più lunghe, e quindi si trovano tra la parte ottica e quella radio dello spettro. La maggiore lunghezza d'onda spiega anche la variabilità nell'ordine di minuti, o addirittura ore, osservata nell'emissione luminosa dei quasar: è l'equivalente delle oscillazioni quasi periodiche di qualche millisecondo osservate in Cyg X-1, ma la scala è calibrata sui periodi più lunghi associati con le orbite stabili molto più grandi del buco nero supermassiccio. Ciò che alimenta il disco di accrescimento di un buco nero così grande sono il gas e la polvere della galassia circostante, così come pure qualche stella che si avvicina troppo e viene disgregata dalle forze di marea nei pressi dell'orizzonte. Complessivamente, la materia consumata dal buco nero può arrivare fino a decine, o addirittura centinaia di masse solari ogni anno. È il disco di accrescimento a produrre la luce, e non il buco nero stesso. Sono segnali provenienti da giovani galassie, e la luce che vediamo oggi fu generata magari miliardi di anni fa.

A prima vista può sembrare sorprendente che un disco di accrescimento possa essere una fonte di energia tanto potente da produrre un quasar più brillante di un'intera galassia. La fonte di questa energia è l'energia potenziale gravitazionale della materia che orbita attorno al buco nero. È la stessa energia potenziale gravitazionale che usiamo qui sulla Terra ogni giorno, per esempio per alimentare le centrali idroelettriche. L'acqua in caduta da un'altezza maggiore a una minore rilascia energia potenziale gravitazionale, che la centrale converte in elettricità, che a sua volta si può usare per generare luce. I quasar funzionano in maniera analoga, ma producono qualcosa come un milione di trilioni di volte l'energia di una grande centrale idroelettrica. Quando si ha a che fare con i buchi neri, un modo efficace di caratterizzare l'ammontare di energia potenziale convertibile in altre forme durante la sua caduta da grandi distanze fino all'orbita stabile più interna è in termini di frazione dell'energia a riposo della materia ($E = mc^2$). Questo numero, così come la posizione dell'orbita stabile più interna, dipende anche dalla rotazione del buco nero. La percentuale è il 6% per un buco nero non rotante, e cresce fino al 42% per un buco nero a rotazione estrema.[4] Sono numeri enormi. Per fare un confronto, l'ammontare di energia disponibile dall'acqua che cade per 100 metri è un trilionesimo di punto percentuale dell'energia a riposo.[5] La fonte di energia più efficiente a nostra disposizione oggi è l'energia nucleare nei reattori a fissione nucleare. Se si usasse tutto l'uranio in un reattore, si avrebbe il rilascio dell'equivalente di solo lo 0,1% della massa a riposo. È una frazione molto piccola, rispetto a quella teoricamente possibile in un disco di accrescimento alimentato da un buco nero. Si pensa che la maggior parte dei nuclei galattici attivi operino vicino all'efficienza massima. La ragione principale è che, quando il gas si riscalda e rilascia grandi quantità di energia, la pressione termica diventa grande abbastanza da contrastare il flusso del gas verso l'interno, e parte di esso viene dissipata dall'analogo di una corrente d'aria.

A mano a mano che il concetto di buco nero diventava più reale, e gli astronomi iniziavano ad accettare che i buchi neri potessero essere la spiegazione dei quasar, una domanda sorse naturale: le galassie che non hanno nuclei attivi, hanno comunque buchi neri supermassicci al loro centro? Questa possibilità fu suggerita da Lynden Bell nel suo articolo del 1969.[6] Tali

[4] Osserviamo che questa energia potenziale gravitazionale è una fonte di energia diversa da quella associata alla rotazione del buco nero, sfruttata dal processo di Penrose. In un disco di accrescimento, la ragione per cui un buco nero rotante ha una percentuale maggiore è che la rotazione muove l'orbita stabile più interna più vicino all'orizzonte, quindi la distanza sulla quale estrarre energia potenziale dal gas che cade nel buco nero è maggiore. Una volta arrivata sull'orbita stabile più interna, la materia precipita dentro il buco nero troppo velocemente perché l'energia cinetica che acquisisce si possa trasformare in riscaldamento del gas.

[5] Però, se immaginiamo che la Terra diventi un buco nero, la sua orbita stabile più interna avrebbe un diametro di qualche centimetro, e lasciando cadere dell'acqua da 100 metri fino a quel raggio avremmo numeri altrettanto enormi.

[6] Lynden-Bell D., *Galactic Nuclei as Collapsed Old Quasars*, «Nature», CXXIII, pp. 690-94.

buchi neri sarebbero inattivi, nel senso che il loro disco di accrescimento non conterrebbe molto gas, e quindi non sarebbero così luminosi. Per le galassie vicine, si può misurare l'effetto Doppler medio delle stelle vicine al nucleo della galassia, e derivare la dinamica orbitale. Dalle misurazioni si deduce che ci sono buchi neri supermassicci in tutte le galassie più grandi: è certamente vero per la nostra Via Lattea, il cui centro è abbastanza vicino da permetterci di risolvere diverse orbite stellari individuali. Le stelle orbitano attorno a quello che sembra un buco nero di massa attorno a 4 milioni di masse solari. Come buco nero supermassiccio non è tra i più grandi, ma è coerente con le dimensioni della Via Lattea (galassie più grandi tendono ad avere buchi neri più grandi). La posizione del buco nero coincide con un'intensa fonte di onde radio nella costellazione del Sagittario, chiamata Sagittarius A* (o Sgr A*). Si pensa che le emissioni da Sgr A* vengano dal disco di accrescimento attorno al buco nero, ma in confronto ai nuclei galattici attivi, Sgr A* è molto debole, ed è certamente inattivo.

Al contrario dei buchi neri di massa stellare, per quelli supermassicci non esiste una teoria universalmente accettata sulla loro origine. Una possibilità è che siano il risultato del collasso di stelle di grande massa di prima generazione, formatesi qualche centinaio di milione di anni dopo il Big Bang (avvenuto circa 14 miliardi di anni fa). Questi buchi neri all'inizio avrebbero avuto massa da dieci a cento masse solari, ma sarebbero poi cresciuti, diventando il centro di galassie di nuova formazione, per mezzo dell'assorbimento di gas e di collisioni con altri buchi neri. Un problema di questa ipotesi è come spiegare l'osservazione di quasar molto lontani, la cui luce, rilevata oggi, fu emessa solo un miliardo di anni dopo il Big Bang. Ciò significa che allora già esisteva un buco nero supermassiccio, e la sfida che questa ipotesi deve affrontare e riuscire a spiegare come abbia potuto diventare così grande in qualche centinaio di milioni di anni, un tempo breve, cosmologicamente parlando. Un'altra ipotesi è che il seme dei buchi neri supermassicci di oggi risalga ai tempi del Big Bang, o addirittura prima. I buchi neri di questa categoria si chiamano «primordiali». Oggigiorno non ci sono spiegazioni teoriche convincenti della loro formazione, o prove sperimentali a supporto.

Concludiamo il capitolo parlando brevemente di un'interessante progetto astronomico chiamato «telescopio dell'orizzonte degli eventi», che sta già iniziando a fornire immagini della cosiddetta «ombra» del buco nero al centro della nostra galassia, e del mostro di qualche miliardo di masse solari al centro della galassia M87, relativamente vicina a noi, a soli 50 milioni di anni luce. Questi buchi neri hanno di speciale che i loro raggi di Schwarzschild hanno l'immagine più grande di qualunque altro buco nero. Nel caso di Sgr A* la ragione è la sua (relativa) vicinanza, mentre per M87 è la sua enorme dimensione. Il telescopio dell'orizzonte degli eventi è in realtà una collezione di radiotelescopi in posizioni diverse sul globo, che lavorano insieme. Ciò permette loro di sfruttare un

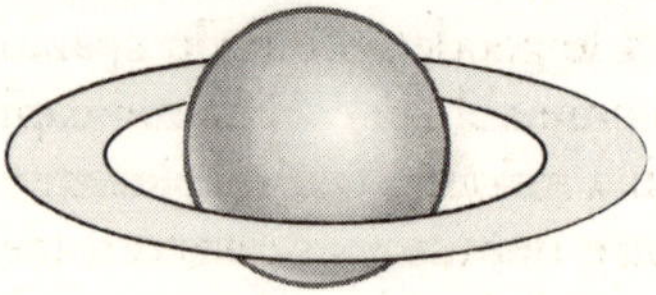

Disco attorno a un oggetto sferico nella gravità newtoniana (per esempio, Saturno)

Disco attorno a un buco nero (per esempio, Gargantua)

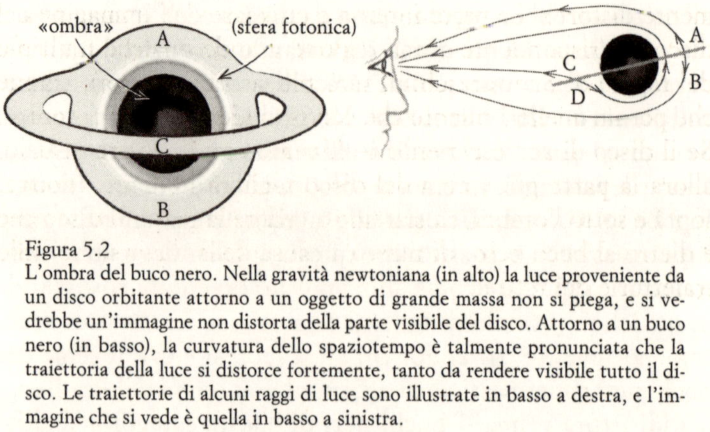

Figura 5.2
L'ombra del buco nero. Nella gravità newtoniana (in alto) la luce proveniente da un disco orbitante attorno a un oggetto di grande massa non si piega, e si vedrebbe un'immagine non distorta della parte visibile del disco. Attorno a un buco nero (in basso), la curvatura dello spaziotempo è talmente pronunciata che la traiettoria della luce si distorce fortemente, tanto da rendere visibile tutto il disco. Le traiettorie di alcuni raggi di luce sono illustrate in basso a destra, e l'immagine che si vede è quella in basso a sinistra.

effetto simile alla parallasse durante le misurazioni di onde radio da fonti diverse (una tecnica chiamata «interferometria») per ottenere la risoluzione angolare che avrebbe un telescopio grande come la Terra. Il risultato è la possibilità di vedere dettagli piccolissimi, il che è necessario per osservare la zona attorno all'orizzonte di questi buchi neri. Per esempio, l'orizzonte degli eventi di Sgr A* occupa una zona di cielo di soli 6 nanogradi. Cercare di osservare una zona così piccola è come provare a vedere i particolari di una moneta sulla superficie della Luna. Questa tecnica di interferometria non riesce a dare ai telescopi la stessa capacità di rilevazione delle radiazioni di un telescopio grande quanto la Terra: i telescopi riescono a rilevare solo le onde che cadono sulla loro superficie combinata, ma per Sgr A* e M87 la risoluzione è molto più importante. Naturalmente non riusciranno a «vedere» nessuno di questi due buchi neri, piuttosto, vedranno la luce che proviene dai dischi di accrescimento in rotazione attorno a essi. Questa luce, per la maggior parte, seguirà le geodetiche dello spaziotempo attorno ai buchi neri ma, come abbiamo visto nei capitoli 3 e 4, vicino all'orizzonte la distorsione dello spaziotempo è così pronunciata che le traiettorie dei fotoni saranno estremamente curvate e qualcuno farà addirittura qualche giro attorno alla sfera fotonica prima di sfuggire e arrivare fino a noi. L'effetto è che il disco di accrescimento ci apparirà completamente distorto. La parte interna e circolare dell'immagine del disco, corrispondente a una regione grande qualche multiplo del raggio di Schwarzschild, sarà più scura (l'ombra), tranne che per un anello brillante che corrisponde alla sfera fotonica. Se il disco di accrescimento è allineato con la nostra visuale, allora la parte più vicina del disco taglierà l'ombra. Inoltre, sopra e sotto l'ombra, riusciremo a vedere la parte di disco che è dietro al buco nero, di nuovo a causa della distorsione delle traiettorie dei fotoni.

6.

Collisioni di buchi neri

Negli ultimi tre capitoli ci siamo concentrati sui buchi neri considerandoli uno alla volta. Eravamo (e siamo ancora!) molto interessati all'orbita delle stelle, e alla formazione dei dischi di accrescimento attorno ai buchi neri supermassicci, perché tali fenomeni costituiscono la migliore prova disponibile per l'esistenza dei buchi neri, cioè, la migliore fino a quando LIGO non osservò le onde gravitazionali provenienti da una collisione che ebbe luogo più di un miliardo di anni fa, a un numero simile di anni luce di distanza.[1] In questo capitolo spiegheremo parte della teoria a sostegno di quell'evento eccezionale: cosa sono le onde gravitazionali, perché i buchi neri entrano in collisione e producono onde gravitazionali, e perché ci sono voluti cent'anni dalla pubblicazione della relatività generale per riuscire a misurare per la prima volta onde gravitazionali.

Le collisioni di buchi neri sono gli eventi più violenti possibili in relatività generale. Il Big Bang all'origine dell'Universo fu certo più drammatico, ma per rappresentarlo, cioè per descrivere l'inizio del tempo, ci vorrebbe una teoria più ampia della relatività generale. I fisici sono ancora alla ricerca della teoria giusta per dare una descrizione esauriente del Big Bang, ma per descrivere le collisioni di buchi neri non ci dovrebbe essere bisogno di una teoria più generale: le equazioni di Ein-

[1] A causa dell'espansione dell'Universo, la distanza tra noi e il sito della collisione è ora un po' più grande della distanza attraversata dalle onde gravitazionali per arrivare fino a noi.

stein, $G_{\mu\nu} = 8\pi G_N T_{\mu\nu} /c^4$, dovrebbero bastare. In verità, per molte collisioni di buchi neri, potremmo tranquillamente ignorare il tensore energia impulso, $T_{\mu\nu}$, che è nullo in assenza di materia, perché l'energia totale sotto forma di materia al di fuori del buco nero è piccola, in confronto all'energia a riposo del buco nero stesso. Quindi, per descrivere la collisione di buchi neri, dobbiamo risolvere un'equazione apparentemente molto semplice: $G_{\mu\nu} = 0$. Un famoso disegno ritrae Einstein mentre scrive un insieme equivalente di equazioni: $R_{\mu\nu} = 0$. Qui $R_{\mu\nu}$ è il cosiddetto «tensore di Ricci», vicino parente del tensore di Einstein, ed essenzialmente equivalente a esso in assenza di materia. La scelta di Einstein, nel disegno, per gli indici *i* e *k* è una pura questione di gusti, avrebbe benissimo potuto scrivere μ e ν.

Abbiamo già esaminato le equazioni di campo di Einstein, ma, in procinto di imbarcarci in una descrizione delle collisioni tra buchi neri, vale la pena ricordare di cosa si tratta. In breve, le equazioni di campo di Einstein danno forma matematica all'idea che la materia dice allo spaziotempo come curvarsi.

Figura 6.1
Einstein raffigurato con le equazioni di campo nel vuoto della relatività generale, che sono un caso speciale delle equazioni di Einstein in assenza di materia.

Cosa prescrivono le equazioni per la curvatura dello spaziotempo, in assenza di materia? Una possibile soluzione è che lo spaziotempo non abbia alcuna curvatura. In altre parole, uno spaziotempo completamente piatto è una soluzione delle equazioni di Einstein nel vuoto, ma non è l'unica.

In verità, un altro esempio di spaziotempo nel vuoto è un buco nero isolato. All'interno dell'orizzonte degli eventi, come abbiamo visto, ci potrebbero essere singolarità o altre caratteristiche particolari associate a un tensore energia impulso non nullo. Ma, fuori dall'orizzonte, è possibile che non ci sia affatto materia. Non dovremmo comunque affezionarci troppo ad alcuna descrizione dell'interno di un buco nero, perché non potremo mai ricevere alcun segnale a conferma. Quindi, la descrizione più pratica è che un buco nero isolato sia un esempio di spaziotempo che curva anche in assenza di materia. Buchi neri che si muovono l'uno attorno all'altro sono un altro esempio di soluzione delle equazioni di campo nel vuoto. A un certo punto, due buchi neri in orbita uno attorno all'altro inizieranno una traiettoria a spirale e si fonderanno in un unico buco nero di Kerr, in rapida rotazione. Questo è il tipo di evento osservato da LIGO il 14 settembre 2015.

Una classe più importante di soluzioni delle equazioni di campo nel vuoto sono quelle che si propagano come onde gravitazionali. Come spiegato nel primo capitolo, dovremmo interpretare le onde gravitazionali in termini simili alla descrizione della luce fatta da Maxwell. Ricordiamo che la luce è un'onda di campo elettrico e magnetico, disposta in modo che la variazione spaziale del campo elettrico causi la variazione temporale del campo magnetico, e viceversa, secondo le equazioni di Maxwell per l'elettromagnetismo. Di solito associamo il campo elettrico alla presenza di cariche elettriche e il campo magnetico a quella di correnti elettriche, ma nella luce, una volta creati i campi elettrico e magnetico, essi continuano a propagarsi per sempre, o per lo meno fino a che non incontrano qualche forma di materia che li assorbe o li diffonde. Le onde gravitazionali sono simili: sono una perturbazione della metrica dello spaziotempo piatto che si propaga per sempre, in cui le variazioni spaziali della metrica causano variazioni temporali, in accordo con le equazioni di campo nel vuoto.

Continuiamo a sfruttare l'analogia tra le onde gravitazionali e la luce. Le onde elettromagnetiche sono prodotte da cariche elettriche in accelerazione. Per esempio, una torre di trasmissione funziona mandando correnti alternate ad alta frequenza avanti e indietro lungo dei conduttori. Queste correnti, che non sono niente di più di cariche elettriche accelerate avanti e indietro, sono la prima causa dei campi elettrico e magnetico, che poi si propagano verso l'esterno per venire rilevati da una radio. Le onde radio sono effettivamente identiche alla luce, solo con lunghezza d'onda maggiore, e quindi la luce visibile, in linea di principio, si potrebbe produrre accelerando cariche elettriche avanti e indietro. Allo stesso modo, le onde gravitazionali si producono accelerando la materia. Una forma comune di accelerazione nei sistemi gravitazionali è l'accelerazione centripeta nelle orbite circolari. Un esempio, descritto alla fine del capitolo 2, sono i sistemi di stelle binarie, che producono radiazione gravitazionale a causa del moto orbitale delle due stelle l'una attorno all'altra. L'energia dissipata da questa radiazione porta a un moto a spirale discendente. Forse non è poi così sorprendente, quindi, che i buchi neri scendendo a spirale l'uno verso l'altro emettano anch'essi una radiazione gravitazionale. Però, dal punto di vista filosofico, è molto sorprendente che una radiazione gravitazionale possa emergere da un sistema che non è altro che spazio vuoto (con «vuoto» vogliamo dire che risolve le equazioni di campo nel vuoto). Tutto ciò dimostra un'idea che abbiamo accarezzato in precedenza: la gravità stessa gravita.

Le onde gravitazionali rilevate da LIGO sono state paragonate al suono: forse la citazione più famosa è quella dei direttori di LIGO, che hanno parlato di «musica del cosmo». Il suono è un'onda di pressione nell'aria; ciò significa che un'onda sonora consiste di regioni alternate di alta e bassa pressione, che si propagano attraverso un volume di aria. Le singole molecole d'aria si muovono in continuazione in una danza termica caotica, ma, sovrapposto a questo moto casuale e complesso, il suono provoca il loro leggero spostamento verso l'ascoltatore (quando una regione di alta pressione le spinge), oppure lontano dall'ascoltatore (quando una regione di bassa pressione le risucchia). Questo è un esempio di onda longitudinale, dove la parola «longitudinale» si riferisce al fatto che il moto interno delle particelle del mezzo in cui si propaga l'onda, è avanti e indietro lungo lo stesso asse che definisce la direzione di propagazione dell'onda stessa. Al contrario, un esempio semplice di onda trasversale è quella su una corda tesa allungata orizzontalmente. Se iniziamo a muovere un capo della corda su e giù, vedremo la perturbazione muoversi lungo la corda. «Trasversale» si riferisce al fatto che il moto interno delle particelle della corda (su e giù) è perpendicolare al moto di propagazione dell'onda (lungo la corda). Le onde gravitazionali (e, incidentalmente, anche la luce) sono onde trasversali. Una conseguenza interessante è che un'esplosione in cui tutta la materia accelera verso l'esterno in forma perfettamente sferica non produce alcuna radiazione gravitazionale.[2] Cercare di produrre onde gravitazionali in questo modo sarebbe come cercare di creare l'oscillazione di una corda tendendola sempre di più, senza muoverla su e giù. Le onde sonore sono diverse: una sfera di materia che esplode produrrebbe un suono fortissimo, esattamente perché l'esplosione rappresenta un moto nella stessa direzione esterna in cui il suono si propaga.

Una differenza ancora più fondamentale tra il suono e le onde gravitazionali è che il suono necessita di un mezzo in cui propagarsi. Solitamente quel mezzo è l'aria, ma il suono può viaggiare anche attraverso l'acqua, o materiali solidi. Però, il suono non può propagarsi nel vuoto. La luce sì, e così pure le onde gravitazionali. Secondo la scienza moderna, lo spaziotempo è il mezzo di propagazione delle onde gravitazionali, in modo analogo alla materia per le onde sonore. Da questo punto di vista, è veramente il carattere trasversale delle onde gravi-

[2] Certe supernove sono esempi in natura di esplosioni in forma quasi perfettamente sferica, o per lo meno abbastanza sferica da produrre pochissime onde gravitazionali, nonostante la violenza dell'accelerazione della materia durante l'esplosione.

tazionali che le distingue dal suono, e non la presenza o l'assenza di un mezzo di propagazione in sé.

La trasversalità è di cruciale importanza per la progettazione dei rilevatori di onde gravitazionali. Cerchiamo quindi di descrivere più in dettaglio le onde gravitazionali; per visualizzarle, immaginiamo un'onda che si propaga verticalmente, giù verso il rilevatore LIGO a Livingston, in Louisiana. Un'onda gravitazionale non è altro che un disturbo della metrica dello spaziotempo, quindi non può fare altro che modificare le distanze. Per capire in che modo lo fa, immaginiamo che, al posto del rilevatore LIGO, ci sia una griglia tridimensionale a forma di cubo fatta di strumenti di misura dotati di orologi sincronizzati tra loro che, scambiandosi raggi di luce, possono misurare la distanza tra l'uno e l'altro e capire se si è modificata nel tempo. (Forse questo è esattamente ciò che gli scienziati di LIGO avrebbero fatto, se avessero avuto abbastanza finanziamenti). In assenza di onde gravitazionali, la configurazione è stazionaria. Cosa succede quando arriva l'onda? Come prima cosa, bisogna capire che le distanze verticali rimangono fisse. Questo è perché le onde gravitazionali sono trasversali e, nella nostra ipotesi, arrivano verticalmente. Però, in direzione orizzontale – diciamo nord-sud – la distanza tra gli strumenti di misura aumenterà fino a una separazione massima, poi diminuirà fino a un minimo, e così via al passare delle fasi dell'onda. In direzione est-ovest avvengono gli stessi cambiamenti, ma in fase esattamente opposta con la direzione nord-sud. In altre parole, l'onda gravitazionale allunga lo spazio in direzione nord-sud e lo accorcia in direzione est-ovest, e poi fa il contrario.

Il rilevatore LIGO a Livingston è molto più semplice di questa griglia cubica di strumenti di misura. Ha un braccio lungo 4 chilometri, che si estende orizzontalmente fuori dal laboratorio, e un altro, della stessa lunghezza, perpendicolare al primo. La direzione esatta non è importante, quindi ipotizziamo che i due bracci siano rispettivamente in direzione sud e ovest. Non è eccessivo pensare a LIGO come a tre strumenti di misura simili a quelli sulla griglia immaginata in precedenza: uno nel

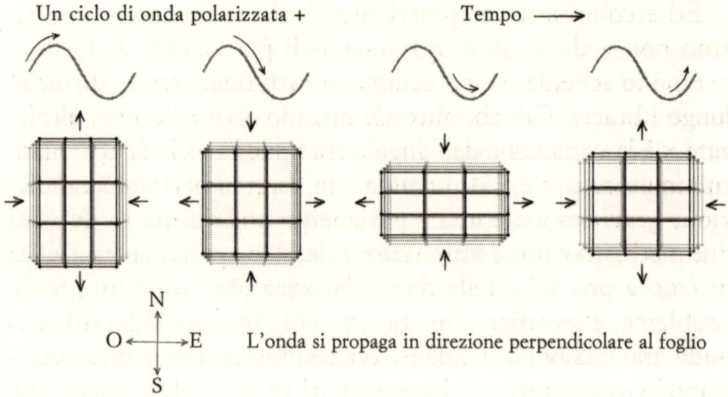

Figura 6.2
L'effetto del passaggio di un'onda gravitazionale su una griglia cubica. Immaginiamo ci siano rilevatori in ogni nodo della griglia, che misurano la distanza tra nodi adiacenti, nel tempo.

laboratorio, e uno all'estremità di ogni braccio. Tutta la complicata interferometria laser che fa funzionare LIGO si può schematizzare con i tre strumenti di misura che si scambiano raggi di luce per misurare la distanza tra loro nel tempo. A dire il vero, LIGO non calcola distanze assolute; piuttosto, misura come cambia nel tempo la differenza delle due distanze lungo i bracci. In breve, LIGO misura molto meno spaziotempo della nostra griglia ipotetica, ma abbastanza da rilevare lo schema di allungamento e compressione della distanza di un'onda gravitazionale come quella descritta nel paragrafo precedente.

Ora immaginiamo che arrivi un'onda gravitazionale che allunga lo spaziotempo lungo l'asse nordovest-sudest, mentre lo comprime lungo l'asse perpendicolare nordest-sudovest. Ovviamente un'onda di questo tipo sarà tanto probabile quanto ogni altra. Si potrà descrivere lo schema di compressione e allungamento lungo le direzioni nord-sud ed est-ovest come l'onda con polarizzazione +, mentre quello lungo le direzioni nordovest-sudest e nordest-sudovest sarà con polarizzazione ×. Questa nomenclatura viene dalla forma dei simboli + e ×, che ricordano la forma dello schema di distorsione dello spaziotempo. Un'onda con polarizzazione + è uguale all'onda con polarizzazione ×, ruotata di 45°.

Ed ecco un fatto sorprendente: il rilevatore LIGO a Livingston non vede le onde gravitazionali polarizzate ×. Questo perché lo schema × non cambia la differenza tra le distanze lungo i bracci. Ciò che succede quando arriva l'onda polarizzata × è la variazione dell'angolo tra i due bracci, di una quantità impercettibile. Fortunatamente, la gran parte della radiazione gravitazionale non è puramente polarizzata in uno dei due modi, ma è una combinazione dei due, quindi la sensibilità di LIGO a una sola delle due polarizzazioni non è un grosso problema. Ricordiamo anche che abbiamo considerato solo onde gravitazionali incidenti verticalmente, ma le onde viaggiano in ogni direzione. La sensibilità di LIGO a Livingston alle onde gravitazionali varia sia con la direzione di incidenza, sia con la polarizzazione, e lo stesso vale per il rilevatore LIGO a Hanford, nello stato di Washington. La situazione non è molto diversa dalle vecchie antenne TV a «baffi», che a volte bisognava posizionare con precisione per ricevere il segnale.

Alla fin fine, ognuno dei due rilevatori misura un valore molto semplice: la differenza tra le lunghezze dei due bracci, ma lo misura con una precisione incredibile. Per esempio, quando LIGO arriverà alla precisione prevista dal progetto (intorno al 2018 o 2020), riuscirà a misurare variazioni di 10^{-19} metri, vale a dire un decimillesimo di protone! Una precisione così stupefacente è necessaria perché la deformazione dello spaziotempo prodotta dalle onde gravitazionali è piccolissima. Per esempio, il moto orbitale di Mercurio attorno al Sole crea onde gravitazionali, ma LIGO non riesce a rilevarle, sia perché sono troppo deboli, sia perché la frequenza è troppo bassa. Fino al 14 settembre 2015, nessuno strumento di misura era abbastanza sensibile da percepire alcuna onda gravitazionale. La strada verso il primo rilevamento fu lunga e ardua: molti scienziati attorno al mondo hanno passato decenni a costruire strumenti sempre più sensibili. Oggi, all'alba dell'era dell'astronomia delle onde gravitazionali, LIGO riesce a misurare solo cataclismi come la collisione di buchi neri. Si spera che, all'aumentare della sensibilità degli strumenti di misura, riusciremo a rilevare segnali più tenui, come le onde gravitazionali prodotte dalla collisione di stelle di neutroni. La gravità rappresenta quindi una meravigliosa contraddizione: è l'unica forza abbastanza potente da superare tutte le altre, nella formazione dei buchi neri, ma allo stesso tempo è così debole che gli echi gravitazionali di eventi devastanti come le collisioni di stelle di neutroni sono impercettibili anche per i nostri più raffinati strumenti di misura.

Riassumiamo cos'abbiamo imparato finora sulle collisioni di buchi neri e il loro rilevamento. L'argomento è semplice, nel senso che stiamo «solo» studiando le soluzioni alle equazioni di Einstein nel vuoto, $G_{\mu\nu} = 0$. Il problema, come spiegheremo più avanti, è che queste equazioni sono molto difficili da risolvere, in pratica. Le soluzioni che ci interessano descrivono i buchi neri che scendono a spirale l'uno sull'altro emettendo radiazioni gravitazionali. Tali radiazioni si propagano attraverso lo spaziotempo e sono rilevate da LIGO sotto forma di deformazione dello spaziotempo stesso, in cui le distanze sono brevemente compresse in una direzione e allo stesso tempo allungate in direzione ortogonale. Ciò che vogliamo fare ora è dare una descrizione più dettagliata di cosa succede in una collisione di buchi neri, e di come la descrizione data dalla relatività generale si traduce in metodi pratici usati da LIGO per cercare onde gravitazionali.

A sentire il termine «collisione», si può pensare a due buchi neri che si dirigono a tutta velocità l'uno verso l'altro e si scontrano frontalmente. Questo potrebbe succedere, e produrrebbe una gran quantità di radiazione gravitazionale, ma è opinione comune che sia un evento raro. La ragione è che i buchi neri non sono oggetti molto comuni nell'Universo (fortunatamente), e la distanza tra l'uno e l'altro è molto grande, rispetto alle loro dimensioni. Anche in un ambiente affollato, come un ammasso globulare – il cui nucleo magari contiene diverse centinaia di buchi neri con una separazione media di un mese luce – una collisione del genere potrebbe accadere solo una volta ogni miliardo di anni, o forse anche di più. Questo perché è inusuale che due buchi neri si trovino, per caso, proprio in rotta di collisione.

L'evento più comune è che entrambe le stelle in un sistema binario siano abbastanza grandi da implodere e diventare buchi neri, formando un buco nero binario. La collisione dei due buchi neri non sarà immediata, ma prima o poi succederà, perché non hanno abbastanza velocità per sfuggire l'uno all'altro. All'inizio, saranno semplicemente in orbita l'uno attorno all'altro. Per definire meglio il nostro ragionamento, immaginiamo che siano simili a quelli che generarono il segnale rilevato da LIGO nel 2015. Semplificheremo leggermente la questione supponendo che ognuno dei due abbia massa uguale a 32 masse solari, e che la loro separazione iniziale sia 384 000 chilometri, la distanza media tra la Terra e la Luna. Ipotizziamo anche che nessuno dei due abbia rotazione significativa, così che, quando sono distanti, la soluzione di Schwarzschild li descrive con sufficiente precisione. Ognuno di essi ha un orizzonte degli eventi sferico, di raggio 95 chilometri. La loro orbita scende a spirale, a causa della perdita di energia dovuta alla radiazione gravitazionale, e in circa 210 anni i loro orizzonti arrivano a toccarsi. Più sono lontani all'inizio, più tempo ci mettono a toccarsi, ovviamente. Infatti, il tempo cresce con la quarta potenza della separazione iniziale; in altre parole, se gli stessi buchi neri all'inizio fossero al doppio della distanza, ci metterebbero 16 volte tanto tempo ad arrivare a toccarsi. Questa proporzione dà precisione matematica alla descrizione qualitativa che implica che la spirale dell'orbita inizi ad avvitarsi lentamente, per poi diventare sempre più veloce. In verità, i primi giri di avvitamento della spirale che poi generò la collisione rilevata da LIGO durarono forse miliardi di anni. Come vedremo fra breve, la fase finale misurata da LIGO, durò solo qualche millisecondo.

La frequenza delle onde gravitazionali emesse dal sistema binario di buchi neri che stiamo esaminando è il doppio della frequenza orbitale. Tale frequenza all'inizio è piccola, e cresce all'avvitarsi della spirale, il che corrisponde all'aumento della velocità orbitale dei buchi neri quando sono più vicini. Sembra controintuitivo che una perdita di energia, dovuta alla radiazione gravitazionale, provochi un aumento di velocità orbitale. Succede a causa del bilancio energetico: all'avvicinarsi dei buchi neri, la loro energia potenziale gravitazionale diminuisce tanto velocemente da riuscire ad aumentare l'energia cinetica e, allo stesso tempo, emettere onde gravitazionali.

L'aumento graduale della frequenza è importante, per la ricerca di collisioni di buchi neri. LIGO è sensibile alle frequenze gravitazionali nell'intervallo tra 30 e 1000 hertz. Se fossero onde sonore, si tratterebbe di suoni udibili, e quindi – nonostante il precedente discorso sulle onde longitudinali e trasversali – è in effetti ragionevole che gli scienziati abbiano descritto il rilevamento delle onde gravitazionali come «ascoltare il suono dell'Universo». Il suono del sistema binario descritto, mentre si avvita a spirale, arriva a 30 hertz (un rombo profondo) quando i due buchi neri sono a distanza di 990 chilometri, e questo avviene a soli 290 millisecondi prima della collisione. A questo punto, i buchi neri ruotano a circa 47 000 km/sec, poco più del 15% della velocità della luce. La frequenza aumenta rapidamente, e la collisione inizia attorno a 190 hertz (attorno al sol sotto il do centrale, nella frequenza di una voce maschile normale). A questo punto i due buchi neri si stanno muovendo a 86 000 km/sec, quasi un terzo della velocità della luce. Gli orizzonti degli eventi ora si uniscono in un'unica struttura, di forma simile a un'arachide.

Il lettore accorto avrà forse notato che le frequenze di cui stiamo parlando (decine o centinaia di hertz) sono solo di poco più piccole delle frequenze dell'oscillazione quasi-periodica citata in relazione a Cyg X-1. È una coincidenza? Certo che no! Ricordiamo che l'intervallo di frequenze attorno a qualche centinaio di hertz – corrispondente a un intervallo temporale di qualche millisecondo – caratterizza il più piccolo intervallo di variabilità delle emissioni di raggi X dal disco di accrescimento di Cyg X-1, e la spiegazione è che questo intervallo di tempo corrisponde al periodo orbitale delle particelle sull'orbita stabile più interna del buco nero al centro di Cyg X-1. Analogamente, un intervallo di frequenze appena più piccole, corrispondente a un intervallo temporale leggermente più grande, caratterizza la rotazione frenetica di un paio di buchi neri grossi 32 masse solari sul punto di fondersi.

Una volta che gli orizzonti sono uniti, intuitivamente sappiamo cosa aspettarci, in base al teorema dell'essenzialità: il buco nero irregolare, a forma di nocciolina americana, si assesterà sulla forma sferica, leggermente schiacciata, tipica di un buco nero di Kerr. Tale processo all'inizio è piuttosto violento: vengono emesse onde gravitazionali di diverse frequenze, ma la più forte ha frequenza pari a 300 hertz (il re sopra il do centrale). Quest'onda massimale decade rapidamente: la sua ampiezza di vibrazione cala di un fattore 10 ogni 8,6 millisecondi. Quindi, 8,6 millisecondi dopo la collisione è 10 volte più piccola, 17 millisecondi dopo la collisione è 100 volte più piccola, e a 26 millisecondi è 1000 volte più piccola, e così via. In una (piccolissima) frazione di secondo, le vestigia della collisione si assestano su un buco nero di Kerr perfettamente tranquillo.

Ricapitolando: si producono onde gravitazionali durante tutta l'evoluzione di un buco nero binario, durante il lento, iniziale avvitamento a spirale, per finire con la fusione dei due orizzonti degli eventi e l'assestamento su una soluzione stazionaria di Kerr. La radiazione di gran lunga più potente viene emessa durante i pochi millisecondi attorno all'evento stesso di collisione. La sua frequenza è nell'intervallo udibile: aumenta da un rombo profondo a un «urlo» finale. La forma dell'onda,

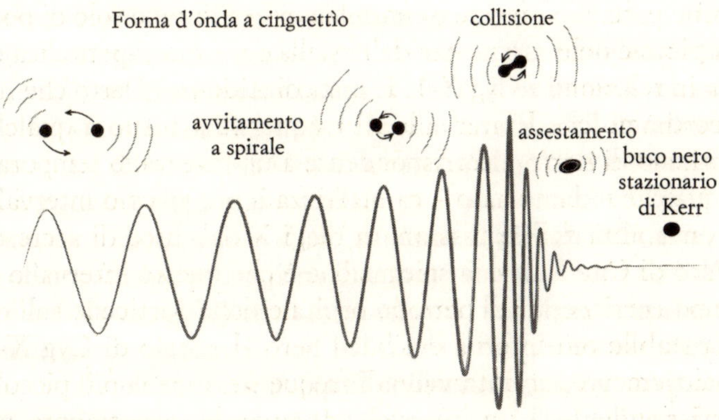

Figura 6.3
La forma dell'onda gravitazionale prodotta dalla collisione di due buchi neri, con la caratteristica forma a «cinguettìo».

globalmente, si chiama «cinguettio» e, nella regione udibile a cui LIGO è sensibile, dura solo una frazione di secondo. Collisioni di buchi neri più grandi risulterebbero in un'onda a frequenza più bassa; in verità, collisioni di buchi neri molto più grandi di 60 masse solari avrebbero una frequenza troppo bassa perché LIGO possa riuscire a rilevarle. Al contrario, una collisione con meno massa suonerebbe più a lungo nell'intervallo di frequenza udibile da LIGO, e finirebbe con un «urlo» finale più acuto. La nota dell'onda negli istanti finali è in relazione con la massa totale coinvolta nella collisione, perché proviene dalle ultime orbite frenetiche prima della fusione dei due buchi neri, la durata delle orbite è proporzionale al raggio dell'orizzonte risultante che, a sua volta, è proporzionale alla massa totale.

Il primo evento percepito da LIGO avvenne più di un miliardo di anni fa. È un tempo abbastanza lungo da spostare verso il rosso l'intera onda di circa il 10% a causa dell'espansione cosmica, un effetto simile allo spostamento verso il rosso dovuto all'effetto Doppler. In altre parole, quando arrivò sulla Terra, l'onda suonava come quella di buchi neri il 10% più pesanti di quanto fossero in realtà. Come si fa, potrebbe chiedersi il lettore, a distinguere due onde, una proveniente da molto lontano e spostata del 10% verso il rosso, e una proveniente da più vicino, prodotta da buchi neri di massa superiore del 10%? La risposta è che l'ampiezza del segnale da buchi neri vicini sarebbe molto più grande. L'ampiezza diminuisce come l'inverso della distanza. Quindi se la teoria (cioè la risoluzione delle equazioni di campo di Einstein nel vuoto) ci dà informazioni sulla forza e la frequenza dell'onda prodotta da una collisione di buchi neri generici, possiamo calcolare, dalla forza e dalla frequenza di un'onda rilevata, sia la distanza, sia la massa totale coinvolta.

Nonostante l'enorme perdita di energia dovuta all'emissione di onde gravitazionali, ciò che resta della collisione di due buchi neri riesce a produrre un bel po' di energia rotazionale. Quanto sia veloce la rotazione finale dipende anche dalla rotazione dei due buchi neri iniziali. Nell'esempio analizzato, all'inizio non ruotavano, e quindi il nuovo buco nero di Kerr ha rotazione uguale al 70% della rotazione massima permessa dalla relatività generale. La sua massa sarà 61 masse solari, mentre la radiazione gravitazionale avrà dissipato 3 masse solari di energia. Usando $E = mc^2$ l'energia totale si conserva: abbiamo iniziato con 32 + 32 = 64 masse solari, e finiamo con 61 masse solari più 3 masse solari in energia dissipata dalle onde gravitazionali. Quindi circa il 5% della massa totale del sistema binario è stata rilasciata sotto forma di radiazione gravitazionale e la maggior parte della radiazione è stata emessa durante le ultime orbite, la collisione e l'assestamento. Numericamente, il 5% potrebbe non sembrare un granché. Però, la potenza (cioè la velocità di emissione dell'energia) è quasi inimmaginabile. Le 3 masse solari di energia si irradiano in una frazione di secondo, raggiungendo una luminosità massima di 4×10^{49} watt. È difficile dare un'idea di quanto sia spaventosamente grande questo numero, ma proviamo così: la luminosità del Sole è 4×10^{26} watt, che è circa 20 trilioni di volte il consumo energetico di tutte le attività umane messe insieme. Ci sono circa 100 miliardi di stelle nella nostra galassia, e 100 miliardi di galassie nell'universo osservabile. Con un'approssimazione un po' grezza, se ogni stella è luminosa quanto il Sole, la luminosità di tutte le stelle dell'Universo osservabile è circa 10 000 miliardi di miliardi di volte il Sole. Calcolato come potenza, tutto ciò è ancora solo un decimo della luminosità degli ultimi millisecondi di una singola collisione di buchi neri! Questo è il tipo di cataclisma necessario per produrre nello spaziotempo increspature abbastanza grandi da riuscire a misurarle qui sulla Terra.

Ma tutta questa energia non rischia di «strappare» lo spaziotempo a brandelli? Stiamo usando una terminologia appositamente scherzosa, qui; un modo più serio di porre la domanda sarebbe chiedersi se l'eccitazione generata da vibrazioni tanto potenti nella geometria dello spaziotempo possa portare a nuove singolarità, nude o no, oltre a quelle già presenti nei buchi neri in collisione. La risposta è no: per quanto siano forti, le onde gravitazionali non sono abbastanza potenti da creare nuove singolarità. Se la luminosità arrivasse attorno a 4×10^{52} watt (la cosiddetta «luminosità di Planck», ottenuta combinando la costante gravitazionale di Newton e la velocità della luce in una quantità che ha le dimensioni di una potenza) allora la risposta potrebbe essere diversa.

Quanto sono grandi le vibrazioni dello spaziotempo causate da questa fusione? Nella zona vicina al sistema binario sarebbe molto difficile stabilire quali aspetti della geometria siano responsabilità dell'onda gravitazionale e quali semplicemente associati al moto dei due buchi neri. A distanze maggiori di dieci volte il raggio dell'orbita finale, diventa possibile distinguere chiaramente le onde polarizzate + e quelle polarizzate × descritte in precedenza e, infatti, sono presenti entrambi i tipi. Scegliamo un punto 5000 chilometri lontano dalla collisione, che corrisponde a circa 50 volte il raggio dell'orbita finale. Il valore massimo della compressione e dell'allungamento, a quella distanza, è circa lo 0,3%. Per esempio, se Alice, alta 2 metri, fosse in quel punto, verrebbe allungata e accorciata di circa mezzo centimetro, dalla testa ai piedi. Questo allungamento e accorciamento sarebbe semplice da misurare, anche se magari un po' scomodo. Ma non è così per LIGO, qui sulla Terra, che si trova circa a un miliardo di anni luce di distanza. A causa dell'enorme distanza, la distorsione sarebbe più piccola di un fattore 2×10^{18}, rispetto ad Alice. Ecco perché LIGO è stato progettato con specifiche sulla precisione tanto pazzesche, in grado di misurare una variazione di un decimillesimo della dimensione di un protone su una lunghezza di quattro chilometri.

Avendo nuovamente menzionato la spettacolare sensibilità di LIGO, vogliamo specificare meglio di cosa esattamente si tratta, perché c'è un particolare importante sul funzionamento di questo tipo di rilevatori che non abbiamo ancora riportato. Per un rilevatore come LIGO, il «rumore di fondo» – cioè tutte le altre cose, diverse dalle onde gravitazionali, che possono causare la vibrazione dei bracci e modificare la loro lunghezza – è piuttosto forte, e solo un evento raro, molto violento, come la collisione di buchi neri nel 2015 produrrà un segnale udibile al di sopra del rumore. Eppure LIGO può rilevare anche segnali al di sotto della soglia del rumore, applicando sofisticate tecniche di analisi dei dati, usando dei modelli: grandi collezioni di previsioni teoriche di tutte le onde gravitazionali possibili da rilevare. Pensiamo a un modello come all'impronta digitale dell'evento corrispondente, per esempio la discesa a spirale di due buchi neri di 32 masse solari, non rotanti. Le fonti di rumore, come le vibrazioni del suolo causate da un camion che passa nei dintorni, o le attività di disboscamento vicino al sito LIGO a Livingston, hanno anch'esse le loro impronte digitali distintive, e la loro forma è molto diversa dal cinguettio della fusione dei buchi neri. LIGO è continuamente bombardato da rumore di fondo, e quindi ciò che veramente misura è un'accozzaglia di tutte queste impronte digitali impresse le une sulle altre, insieme con l'impronta di un'onda gravitazionale, ogni

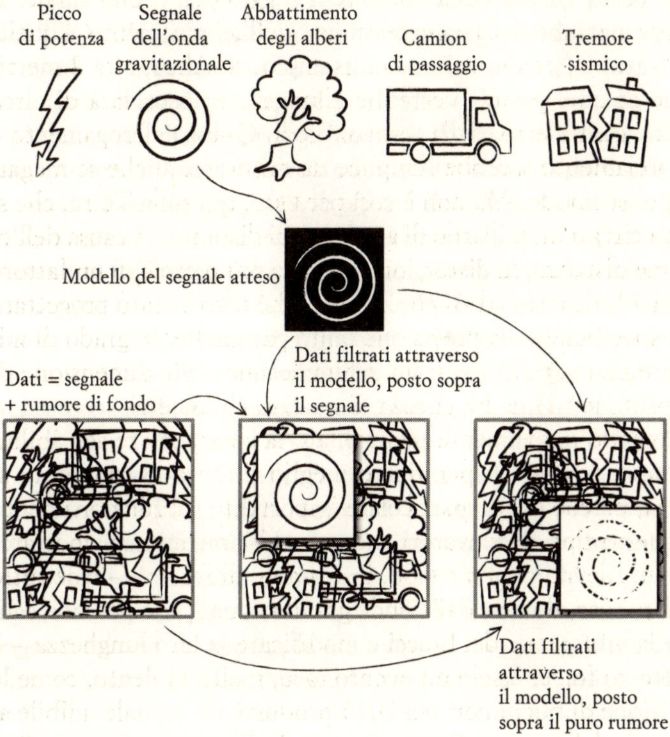

Figura 6.4
I modelli possono aiutare a scoprire un segnale nascosto nel rumore di fondo. Quando il modello è centrato sul segnale, emerge una rappresentazione pulita, integra, del modello. Quando è centrato sul rumore, ne emerge una versione tratteggiata, incompleta.

tanto. Il modello può servire da sagoma, lasciando trasparire l'impronta di un'onda gravitazionale che corrisponde perfettamente, mentre blocca il rumore di fondo. Sebbene questa tecnica non riesca a eliminare completamente il rumore, aiuta molto, abbastanza da rendere LIGO sensibile a eventi di radiazione gravitazionale avvenuti molto più lontano dalla Terra di quanto sarebbe altrimenti possibile.

I modelli presentano ancora alcuni ostacoli, su cui si sta lavorando per mettere LIGO nella posizione di realizzare pienamente le aspettative, una volta arrivato alla precisione prevista dal progetto. Il primo è semplicemente il calcolo di tutti i modelli per le collisioni di buchi neri e altri eventi che plausibilmente potrebbero generare onde gravitazionali rilevabili. Gli altri eventi comprendono collisioni tra buchi neri e stelle di neutroni, fusioni di stelle di neutroni, supernove, rotazione molto rapida di stelle di neutroni con superficie irregolare,[3] un oceano cosmico di onde gravitazionali create nei primi stadi dell'evoluzione dell'Universo, e diversi strappi, nodi e intersezioni in una rete di stringhe cosmiche, la cui esistenza è stata ipotizzata da alcuni cosmologi.[4] È molto difficile risolvere le equazioni di campo di Einstein in tutte le diverse situazioni, ma è necessario farlo per costruire i modelli che servono al funzionamento di LIGO. Le collisioni sono l'osso più duro, da questo punto di vista. Dopo diversi decenni di sforzi coordinati da parte di dozzine di scienziati, il problema della collisione dei buchi neri binari è in gran parte risolto. Un risultato ottenuto grazie a una combinazione di metodi analitici (molto adatti alle fasi iniziali di una discesa a spirale) e simulazioni numeriche con supercalcolatori (necessarie per modellare le ultime fasi dell'avvicinamento e la collisione dei buchi neri). Le stelle di neutroni aggiungono complessità al problema, perché bisogna anche risolvere le equazioni che governano la dinamica della

[3] Queste irregolarità sono l'analogo delle montagne sulla Terra, ma sulle stelle di neutroni le «montagne» sono alte qualche millimetro al massimo, a causa dell'altissima densità della materia, e del forte campo gravitazionale sulla loro superficie.

[4] Una stringa cosmica è un flusso di energia molto sottile ma estremamente denso, previsto da alcune teorie. Non sono mai state osservate sperimentalmente.

materia di cui sono fatte. In verità, come abbiamo discusso nel capitolo 5, non conosciamo nei particolari le proprietà della materia nucleare alle altissime densità tipiche delle stelle di neutroni. Si possono costruire modelli che quantificano l'incertezza relativa alla materia nucleare densa, ed è ragionevole sperare che le osservazioni delle onde gravitazionali prodotte dalla collisione di stelle di neutroni, o tra un buco nero e una stella di neutroni, ci daranno preziose informazioni sulla proprietà della materia ad alta densità.

Il secondo ostacolo riguardante i modelli è più nefasto. Come facciamo a osservare le onde gravitazionali provocate da eventi che non abbiamo immaginato e per cui non abbiamo modelli? Una domanda correlata a questo problema, e altrettanto preoccupante, è: se i nostri modelli teorici degli eventi possibili non fossero del tutto esatti? A prima vista, quindi, sembra che LIGO sia uno strumento di misura in qualche modo non obiettivo, e dunque incapace di scoprire cose completamente nuove o inaspettate. La situazione non è disperata quanto potrebbe sembrare: LIGO usa metodi di analisi indipendenti dai modelli, che riuscirebbero a percepire un'onda gravitazionale sufficientemente forte, anche se la sua forma non corrispondesse ad alcuno dei modelli noti. Analogamente, se un'onda gravitazionale corrisponde solo parzialmente a un modello, perché questo non è sufficientemente preciso, l'analisi indipendente dai modelli riuscirebbe a scoprire ciò che si chiama «residuo»: un segnale che rimane dopo aver sottratto il modello che più si avvicina alla forma dell'onda ed è incompatibile con il solo rumore di fondo. Quindi, la conclusione è che i modelli ci permettono di rilevare eventi più distanti di quanto sarebbe possibile altrimenti, e di associare i segnali con l'origine prevista dal modello, ma non escludono la possibilità di scoprire onde gravitazionali anomale, di cui bisognerà quindi capire la misteriosa origine.

Terminiamo il capitolo con un'analisi delle simulazioni numeriche della collisione di buchi neri. Queste simulazioni sono un ingrediente cruciale per la creazione dei modelli usati da LIGO. Vogliamo qui sottolineare che l'uso di metodi numerici per risolvere le equazioni è spesso l'ultima risorsa, a cui si ricorre solo quando i calcoli con carta e matita risultano insufficienti per arrivare a una spiegazione soddisfacente. Inoltre, restringeremo l'attenzione alle collisioni di buchi neri in assenza di materia, così da dover risolvere le equazioni di Einstein nel vuoto, $G_{\mu\nu} = 0$. Quanto potrà mai essere difficile?

La difficoltà è che le equazioni di campo di Einstein sono equazioni differenziali, il che significa che sono espresse localmente in termini del cambiamento della metrica in regioni infinitesimali di spazio e tempo. Le equazioni differenziali sono quasi sempre molto difficili da risolvere, e lo studio di metodi per approssimare numericamente le loro soluzioni rappresenta un'area importante della ricerca in matematica, fisica, chimica e ingegneria. Possiamo ragionare così. A un calcolatore si possono insegnare somme, sottrazioni, moltiplicazioni e divisioni, e riuscirà a fare queste operazioni aritmetiche molto velocemente. Ma una soluzione esatta di un'equazione differenziale è fatta, in principio, di infinite operazioni, perché la soluzione non è un numero, ma una curva continua (o uno spaziotempo curvo, nel caso delle equazioni di Einstein), la cui definizione esatta richiede infiniti numeri. Naturalmente, nessuna macchina può fare infiniti calcoli in un tempo finito. Quindi, ciò che vogliamo è una strategia per fare un numero finito di calcoli, il cui risultato sarà abbastanza vicino alla soluzione esatta delle equazioni differenziali in esame. Più precisamente, vogliamo una strategia per produrre una successione di soluzioni numeriche approssimate, ognuna più vicina della precedente alla soluzione esatta. Il problema si considererà risolto quando avremo prove sufficienti che la soluzione numerica approssimata si può rendere vicina alla soluzione esatta quanto si vuole, a patto di avere un calcolatore sufficientemente potente e abbastanza tempo. Per fare un'analogia, pensiamo di guardare un video con una connessione Internet lenta. Se il browser è configurato correttamente, si vedrà una versione del video sfuocata, con immagini divise in blocchi, ma andrà alla velocità corretta e avrà i colori più o meno giusti, e anche qualcuna delle forme. Se la connessione è più veloce, o se si lascia caricare il video un po' più a lungo prima di iniziare a guardarlo, i blocchi diventeranno più piccoli, aumentando i particolari delle immagini, e colori saranno più definiti. Se si aspetta abbastanza a lungo, o se la connessione è più veloce, si vedrà il video con la massima risoluzione possibile. Le approssimazioni numeriche alle soluzioni di equazioni differenziali funzionano un po' allo stesso modo, ma una differenza fondamentale è che, in linea di principio, non c'è limite a quanto si può migliorare l'approssimazione. L'unico limite sono il tempo e la potenza del calcolatore. Chiamarle «simulazioni» numeriche delle soluzioni delle equazioni di Einstein è quasi fuorviante, perché suggerisce che l'obiettivo finale sia imitare le caratteristiche essenziali dello spaziotempo, e ignorare alcuni particolari. In verità, l'obiettivo è avere una strategia per descrivere tutti i dettagli dello spaziotempo con precisione stabilita a priori, in tempo finito. Una simulazione numerica di una collisione di buchi neri si considera di successo se riesce a riprodurre con buona approssimazione i risultati sulla discesa a spirale e l'assestamento dell'orizzonte ottenuti in precedenza con altri metodi.

Quale strategia dovremmo adottare per simulare numericamente le equazioni di campo di Einstein nel vuoto? Pensiamo a che tipo di risposta stiamo cercando. Vogliamo una rappresentazione numerica della metrica che descrive la geometria dello spaziotempo; ricordiamo che una metrica è una regola per stabilire la distanza tra due punti qualsiasi. La geometria differenziale ci permette di restringere l'attenzione a punti vicini tra loro. Il cosiddetto «tensore metrico» ci dà la distanza da ogni punto a ogni altro punto abbastanza vicino; in pratica, il tensore metrico è una matrice 4 × 4 di numeri. Una soluzione esatta delle equazioni è un tensore metrico noto con precisione in ogni punto dello spaziotempo. Le soluzioni di Schwarzschild e di Kerr forniscono le informazioni precise in termini di complesse formule matematiche, mentre in una simulazione numerica non ci sono formule esatte, e naturalmente non si può specificare il tensore metrico in tutti gli infiniti punti dello spaziotempo. Quindi ciò che si fa è isolare una regione di spaziotempo di interesse primario (per esempio, una regione attorno a una coppia di buchi neri in procinto di fondersi), e ricoprirla con un reticolo di punti; in ognuno dei punti, che sono in numero finito, si cerca di assegnare un valore approssimato del tensore metrico. Continuando con l'analogia del video sulla connessione Internet lenta, il nostro scopo è riuscire a raffinare il reticolo sempre di più e, a ogni passo, vogliamo trovare valori sempre più precisi per tutti i componenti della metrica, in ogni punto del reticolo. In breve, stiamo «discretizzando» lo spaziotempo continuo, così da ridurlo a una struttura matematica che un calcolatore possa gestire. Discretizzare lo spaziotempo usando reticoli sempre più fitti è il punto chiave della nostra strategia di simulazione numerica. Tipicamente, oggigiorno le simulazioni comprendono anche milioni, o perfino miliardi di punti.

Applicare le equazioni di Einstein nel vuoto significa che lo spaziotempo deve curvarsi seguendo certe limitazioni, che descrivono come la metrica spinge e tira lo spazio localmente. Le equazioni di Einstein sono equazioni differenziali, e quindi «localmente» significa «arbitrariamente vicino». Quando invece si considera lo spaziotempo discreto, si devono modificare le equazioni di Einstein, in modo che diventino regole che descrivono come la metrica, in un punto del reticolo, tira o spinge i punti adiacenti.[5] In linea di principio, sarà possibile per un calcolatore risolvere queste equazioni discretizzate, perché ci sono solo un numero finito di equazioni in un numero finito di variabili.

Rimangono due problemi, tipici della relatività generale: le singolarità e le restrizioni. Il problema delle singolarità ci è familiare, e riguarda strettamente la fisica: i buchi neri nascondono singolarità in cui le equazioni di campo di Einstein perdono significato. Se non stiamo attenti, le simulazioni numeriche dello spaziotempo andranno a esplorare l'interno dei buchi neri e quando i calcolatori si imbattono in una singolarità sono guai. Potrebbe sembrare un problema minore perché, intuiti-

[5] Paradossalmente, una strategia utile nei metodi numerici è considerare l'effetto della metrica su diversi punti del reticolo, e non solo a uno o due passi di distanza. Concettualmente è più semplice pensare a interazioni solo su punti adiacenti.

vamente, ogni problema incontrato dal calcolatore all'interno di un buco nero si può ignorare, dato che niente può uscire e «corrompere» il resto della simulazione. La realtà è più complessa. Se si incontra una singolarità in uno dei punti del reticolo (cioè il tensore metrico contiene qualche componente infinita), allora le deformazioni codificate nelle equazioni discretizzate di Einstein renderanno singolari anche i punti adiacenti nel reticolo, quindi i loro vicini diventeranno singolari, e così via. È difficile scrivere un programma che impedisca alle singolarità di riprodursi a catena, indefinitamente. Il modo giusto è identificare l'orizzonte degli eventi non appena si forma e istruire il calcolatore affinché non guardi troppo al di là dell'orizzonte. Mantenendo piccolo lo strato di spaziotempo all'interno dell'orizzonte, ci si può assicurare di riprodurre correttamente tutta la fisica della relatività classica con le equazioni discretizzate di Einstein; ma tagliando fuori la parte più profonda del buco nero impediamo al calcolatore di incontrare la singolarità. Questa strategia usa pesantemente la congettura di censura cosmica di Penrose, secondo la quale le singolarità nelle soluzioni delle equazioni di Einstein si manifestano solo all'interno di orizzonti degli eventi. Il fatto che le simulazioni numeriche delle equazioni di Einstein funzionino quando usiamo questa strategia, come l'abbiamo appena descritta, è in realtà una notevole prova a favore della congettura di Penrose.

Il problema delle restrizioni è di natura più tecnica, ma vale la pena nominarlo perché appare con grande evidenza nella discretizzazione delle equazioni di Einstein. Di solito si inizia con una qualche geometria, come i due buchi neri in orbita l'uno attorno all'altro, e ci si chiede cosa succede se si va in avanti nel tempo. In pratica, il reticolo che discretizza lo spaziotempo quadridimensionale si considera diviso in sezioni spaziali a tre dimensioni, e si definisce il flusso temporale in termini della funzione intervallo temporale che collega le sezioni tra loro. Ogni sezione è l'insieme dei punti a un tempo definito. Quello che vogliamo fare è definire la metrica su qualche sezione (magari anche solo un paio), e chiedere al calcolatore di determinare la metrica sulla sezione successiva usando le equazioni di Einstein discretizzate. Il piano è poi di ripetere la procedura, arricchita di una strategia di rimozione della singolarità, fino a che non si vede la fusione dei buchi neri. E ci aspettiamo che la geometria si evolva, fino a che, nell'ultima sezione temporale della simulazione, vedremo il singolo buco nero risultante, più un'immagine di tutte le onde gravitazionali prodotte nella collisione, emergenti da essa.

Ed è qui che iniziano i guai. Una volta scelta la sezione temporale, risulta che alcune equazioni di Einstein non ci aiutano ad avanzare da una sezione alla successiva; piuttosto, sono solo restrizioni su quale tipo di geometria possiamo avere su ogni sezione. Anche se progettiamo tutto con cura, in modo che le restrizioni siano rispettate esattamente su una sezione temporale, di solito poi – usando le equazioni di Einstein discretizzate per andare avanti nel tempo – scopriamo che le restrizioni sono rispettate solo approssimativamente, sulla sezione successiva. Ancora peggio, gli errori aumentano nel tempo, fino a che, dopo alcuni passi, il risultato della simulazione è completamente sbagliato. La soluzione è tanto sottile quanto il problema. Invece di cercare di soddisfare perfettamente le restrizioni su una sezione temporale, accettiamo il fatto che non saranno rispettate in tutti i dettagli, ma modifichiamo le equazioni discretizzate aggiungendo quella che si può considerare grosso modo come una forza che modifica la soluzione per renderla compatibile con le restrizioni. Tale forza agisce un po' come una molla: se si tira una molla, una volta rilasciata tenderà a ritornare alla posizione di equilibrio. Con le equazioni di Einstein non aggiungiamo una forza fisica, è più un trucchetto matematico che ha un effetto simile, dove l'«equilibrio» della molla è una soluzione soddisfacente le restrizioni. Trattando le restrizioni in modo appropriato, e selezionando con cura come rappresentare le equazioni di Einstein sullo spaziotempo discretizzato, si arriva a simulazioni in grado di catturare tutti i dettagli dello spaziotempo negli eventi di collisione di buchi neri; naturalmente se ci concentriamo solo sulla geometria fuori dall'orizzonte degli eventi.

Riassumendo, la maggior parte delle collisioni di buchi neri che avvengono nell'Universo sono probabilmente quelle in cui due buchi neri scendono a spirale l'uno sull'altro e si fondono, che possiamo descrivere con simulazioni numeriche delle equazioni di Einstein nel vuoto, $G_{\mu\nu} = 0$. Questo procedimento, ripetuto per molte diverse condizioni iniziali, ci aiuta a capire che tipo di radiazione gravitazionale viene emessa dai buchi neri che si fondono. Il rilascio di energia è di una velocità stupefacente in questi processi, così veloce che la luminosità gravitazionale di buchi neri in collisione può, per brevissimo tempo, superare la luminosità ordinaria di tutte le stelle dell'Universo messe insieme. La luminosità ordinaria è la luce delle stelle, mentre la luminosità gravitazionale è la radiazione gravitazionale, che si propaga a partire dai buchi neri in collisione e si può rilevare con strumenti come LIGO. In futuro, speriamo che le onde gravitazionali rivelino tanti segreti quanti ne ha rivelati la luce visibile. La prossima scoperta potrebbe essere il rilevamento di onde gravitazionali originate dalla fusione di stelle di neutroni. Le onde gravitazionali risalenti agli albori dell'Universo, se scoperte, potrebbero aiutarci a capire dettagli sul cosmo alla sua nascita. La cosa migliore sarebbe scoprire onde gravitazionali che nessuno si aspettava! Allora i teorici sarebbero chiamati a capire quale strano processo fisico le ha generate.

7.

La termodinamica dei buchi neri

Fino a ora, abbiamo considerato i buchi neri come oggetti astrofisici creati nelle supernove, o che si trovano al centro delle galassie. I loro effetti si vedono indirettamente esaminando l'accelerazione delle stelle a loro vicine, mentre la famosa rilevazione di onde gravitazionali fatta da LIGO nel 2015, è un'osservazione più diretta di una collisione di buchi neri. Gli strumenti necessari per interpretare i buchi neri in questi diversi contesti sono la geometria differenziale, le equazioni di Einstein, e i potenti metodi analitici e numerici necessari a risolvere le equazioni di Einstein e descrivere le geometrie dello spaziotempo create dai buchi neri. Dal punto di vista astrofisico, una volta descritto quantitativamente lo spaziotempo nei casi in questione, potremmo considerare chiuso l'argomento. In una prospettiva teorica più ampia, però, c'è molto di più da esplorare. Lo scopo di questo capitolo è dare un resoconto di alcuni importanti sviluppi teorici moderni della fisica dei buchi neri, in cui idee prese dalla termodinamica e dalla teoria quantistica si intersecano con la relatività generale per produrre alcuni risultati sorprendenti. Il più notevole è che i buchi neri non sono solo oggetti geometrici: hanno una temperatura, un'entropia enorme, e potrebbero essere manifestazioni della correlazione quantistica. Il nostro resoconto degli aspetti termodinamici e quantistici dei buchi neri sarà meno dettagliato del discorso, fatto nei capitoli precedenti, sulle caratteristiche puramente geometriche del loro spaziotempo. Ma gli aspetti quantistici, in particolare, rappresentano una parte fondamentale e vitale della ricerca teorica in atto, e vogliamo almeno dare al lettore un'infarinatura di questi argomenti.

Nella relatività generale classica, cioè la geometria differenziale delle soluzioni alle equazioni di Einstein, i buchi neri sono veramente neri, nel senso che nulla può sfuggire. Stephen Hawking dimostrò che la situazione cambia radicalmente se si prendono in considerazione gli effetti quantistici: i buchi neri in realtà emettono una radiazione di temperatura definita, chiamata «temperatura di Hawking». Per buchi neri di dimensioni astrofisiche (cioè da massa stellare a supermassicci), la temperatura di Hawking è tanto piccola da poterla trascurare, rispetto a quella della radiazione cosmica di fondo, una forma di radiazione che riempie l'Universo e si può considerare essa stessa una variante della radiazione di Hawking. La temperatura di Hawking fa parte di una più ampia area di ricerca chiamata «termodinamica dei buchi neri»; un'altra parte consistente di quest'area riguarda l'entropia, che rappresenta la quantità di informazione perduta all'interno di un buco nero. Gli oggetti ordinari (come un bicchiere d'acqua, una barra di magnesio, o una stella) hanno anch'essi entropia, e uno dei risultati più notevoli della termodinamica dei buchi neri è che un buco nero di dimensione data ha più entropia di qualunque altra forma di materia che occupi la stessa regione di spazio senza collassare.

Prima di addentrarci in profondità nella radiazione di Hawking e nell'entropia, facciamo un breve excursus sulla termodinamica e la meccanica quantistica, e in particolare sulla correlazione quantistica. La meccanica quantistica fu sviluppata in gran parte negli anni venti del XX secolo, e il suo scopo iniziale era di descrivere oggetti molto piccoli, come gli atomi. Concetti fondamentali e venerati, come la posizione esatta delle particelle, persero nitidezza, così che, per esempio, gli elettroni attorno a un nucleo atomico non si possono più localizzare esattamente. Piuttosto, gli elettroni ora si muovono in cosiddetti «orbitali» in cui la loro posizione si può solo determinare probabilisticamente. Ma, per i nostri scopi, è fondamentale non affrettarsi a parlare di probabilità. Un atomo di idrogeno (per fare un esempio semplice) si può trovare in uno stato quantistico definito; lo stato più semplice di un atomo di idrogeno è il suo «stato fondamentale», cioè lo stato di minore energia, e la sua energia è nota con precisione. Più in generale, la meccanica quantistica permette (in linea di principio) di determinare con precisione lo stato di qualunque sistema quantistico.

La probabilità entra in gioco quando si formulano certe domande su un sistema quantomeccanico. Per esempio, se un atomo di idrogeno è nel suo stato fondamentale, ci potremmo chiedere: «Dov'è l'elettrone?» e le regole della meccanica quantistica ci daranno una risposta probabilistica, che suonerà pressappoco come «l'elettrone è probabilmente a distanza di mezzo ångström dal nucleo» (un ångström è 10^{-10} metri). Ora, è possibile, attraverso un processo fisico, trovare la posizione dell'elettrone con precisione molto maggiore di un ångström. Un tipico processo di questo tipo è far rimbalzare un fotone con lunghezza d'onda molto corta sull'elettrone, dopo di che si può ricostruire la posizione dell'elettrone nell'istante della collisione, con una precisione di circa una lunghezza d'onda del fotone. Tale processo cambia lo stato dell'elettrone, quindi l'atomo non è più nel suo stato fondamentale, e non ha più energia definita. Al contrario, temporaneamente, ha quasi una posizione definita (cioè, a meno di una lunghezza d'onda del fotone usato). La sua posizione si può descrivere solo probabilisticamente, a meno di un ångström, ma, una volta misurata, scopriremo una risposta molto più precisa. In breve, se misuriamo un sistema quantomeccanico in qualche modo, allora, secondo il punto di vista convenzionale, lo forziamo in uno stato con un valore preciso per la quantità misurata.

La meccanica quantistica si applica non solo ai sistemi piccoli, ma (si pensa), anche a tutti gli altri, tuttavia le regole della meccanica quantistica diventano ben presto molto complicate per i sistemi più grandi. Un punto chiave è il concetto di correlazione quantistica. Un esempio semplice si può illustrare usando il cosiddetto «spin». I singoli elettroni hanno un attributo, chiamato spin, appunto, che riflette il tipo di campo magnetico generato dall'elettrone, simile a quello generato da una barretta magnetica. Si dirà che un elettrone ha spin verso l'alto se il polo nord dell'elettrone punta verso il basso, mentre ha spin verso il basso se il polo nord punta verso l'alto. Due elettroni si possono forzare in uno stato quantistico unico, in cui uno dei due ha spin verso l'alto e l'altro verso il basso, ma è impossibile determinare quale dei due ha spin verso l'alto o verso il basso.[1] In verità, un atomo di elio nel suo stato fondamentale ha due elettroni esattamente in questo stato, che si chiama «stato singoletto», dove lo spin combinato dei due elettroni è zero. Se separiamo i due elettroni senza cambiare lo spin, essi rimangono correlati in uno stato singoletto, ma non possiamo determinare lo spin di ognuno dei singoli elettroni. Se lo misuriamo, e scopriamo che è verso l'alto, allora siamo certi che l'altro avrà spin verso il basso. In questa situazione, diciamo che i due elettroni sono in correlazione quantistica, perché nessuno dei due ha spin definito, ma, presi insieme, sono in uno stato quantistico ben definito.

Einstein era profondamente turbato dalla correlazione quantistica, perché sembrava violare i principi della relatività. Consideriamo il caso di due elettroni, con lo spin in stato singoletto, che si trovano a grande distanza spaziale l'uno dall'altro. Diamo ad Alice uno degli elettroni e a Bob l'altro. Supponiamo che Alice misuri lo spin del suo elettrone e trovi che punta verso l'alto; Bob invece non fa nessuna misura. Prima che Alice misurasse il suo elettrone, era impossibile dire quale fosse lo spin dell'elettrone di Bob. Ma non appena lei finisce la sua misurazione, si può dire con certezza che l'elettrone di Bob ha spin verso il basso (l'opposto di quello trovato da Alice). Questo, forse, significa che la misurazione fatta da Alice forza immediatamente l'elettrone di Bob in uno stato a spin verso il basso, ma come può essere, se gli elettroni sono lontani nello

[1] I lettori informati osserveranno che gli elettroni sono particelle identiche. Nessuno dei nostri ragionamenti richiede le speciali proprietà delle funzioni d'onda che originano da particelle identiche: potremmo, ad esempio, prendere un elettrone e un protone per formare uno stato quantistico combinato, e anche in quel caso non saremmo in grado di dire quale particella ha spin verso l'alto o verso il basso.

spazio? Einstein, con i suoi collaboratori Nathan Rosen e Boris Podolsky, pensava che i problemi riguardanti le misure di sistemi correlati quantisticamente fossero tanto gravi da mettere in discussione tutta la meccanica quantistica. Il paradosso di Einstein-Podolsky-Rosen (EPR) considera proprio una situazione simile a quella appena descritta, per giungere alla conclusione che la meccanica quantistica non può rappresentare una descrizione completa della realtà. Al giorno d'oggi, nella comunità scientifica l'opinione corrente, basata su ulteriori approfondimenti teorici e numerosi esperimenti, è che il paradosso EPR non sia valido, e la teoria quantistica sia corretta. La correlazione quantistica è reale, e una prova è che le misure operate su sistemi correlati quantisticamente rimangono in relazione anche se sono molto distanti nello spaziotempo.

Torniamo alla situazione in cui prepariamo due elettroni in un singoletto e ne diamo uno ad Alice e uno a Bob. Prima di fare qualsiasi misura, cosa possiamo dire, degli elettroni? Insieme, sono in uno stato quantistico ben definito (lo stato di singoletto riguardo allo spin). Lo spin di Alice ha la stessa probabilità di puntare verso l'alto o verso il basso. Più precisamente, il suo stato quantistico ha la stessa probabilità di essere uno stato quantistico a spin verso l'alto, o uno stato quantistico a spin verso il basso. Ora il nostro ragionamento inizia a usare la probabilità in maniera più profonda. In precedenza, consideravamo uno stato quantistico (lo stato fondamentale dell'idrogeno) e sapevamo che c'erano domande mal poste, tipo «dov'è l'elettrone?», che hanno risposte probabilistiche. Se invece si fanno domande ben poste, come «qual è l'energia dell'elettrone?» la risposta è definita. Ora, non esistono domande ben poste sull'elettrone di Alice che non si riferiscano anche all'elettrone di Bob (escludendo domande stupide come «l'elettrone di Alice ha uno spin?» che sono costruite in modo da avere solo una risposta possibile). Quindi, nell'analizzare una delle metà di uno stato di correlazione quantistica, dobbiamo usare la probabilità per caratterizzare la situazione. La certezza si ha solo considerando la relazione tra le risposte a domande che sia Alice sia Bob pongono.

Iniziamo, di proposito, con uno dei sistemi quantomeccanici più semplici possibile: lo spin di singoli elettroni. I computer quantistici, speriamo, saranno costruiti a partire da sistemi altrettanto semplici. Lo spin di singoli elettroni e altri sistemi quantistici equivalenti, viene chiamato «qubit» (abbreviazione di «quantum bit»), in previsione del suo futuro ruolo nei computer quantistici, analogo a quello dei bit nei computer digitali.

Ora immaginiamo di sostituire ogni elettrone con un sistema più complicato, con molti stati quantistici possibili, invece di due soli. Per esempio, magari diamo ad Alice e Bob dei blocchi di magnesio puro; prima che Alice e Bob si separino, facciamo interagire tra loro i blocchi di magnesio, in modo che, alla partenza, siano in uno stato di correlazione quantistica ben definito. Una volta che Alice e Bob si allontanano, i loro blocchi di magnesio non interagiscono più; così come per gli elettroni, ogni blocco è in uno stato quantistico non evidente, anche se, considerati insieme, i due blocchi sono ancora in uno stato ben definito. (Nel nostro ragionamento, ipotizziamo che Alice e Bob riescano a spostare ognuno il suo blocco di magnesio senza alterare il suo stato interno, così come prima abbiamo ipotizzato che riuscissero a spostare gli elettroni senza disturbare il loro spin). La differenza ora è che l'incertezza sullo stato quantistico di ogni singolo blocco è enorme. Il numero di stati quantistici possibili per ognuno di essi potrebbe benissimo essere grande quanto il numero di atomi nell'Universo. Ed è qui che entra in gioco la termodinamica. Un sistema specificato in maniera imprecisa può comunque avere qualche proprietà macroscopica ben definita. La temperatura è un esempio classico. Si tratta di una misura della probabilità che un sistema abbia una certa energia media, e valori alti della temperatura corrispondono a valori alti dell'energia. L'entropia è un'altra proprietà termodinamica, ed è essenzialmente il logaritmo del numero di stati possibili di un sistema. Un'altra ancora, molto interessante per un blocco di magnesio, è la polarizzazione magnetica totale, che, essenzialmente, corrisponde alla differenza tra quanti elettroni hanno spin verso l'alto e quanti verso il basso.

Abbiamo introdotto la termodinamica come modo di gestire un sistema il cui stato quantistico non è noto con precisione, a causa di una correlazione quantistica con un altro sistema. Si tratta di un punto di vista molto efficace, ma molto lontano da quello degli ideatori della termodinamica, scienziati come Sadi Carnot, James Joule e Rudolf Clausius, che lavorarono nel pieno della rivoluzione industriale del XIX secolo, motivati da domande molto pratiche: come funziona un motore? La pressione, il volume, la temperatura e il calore erano il pane quotidiano di chi progettava motori per l'industria. Carnot stabilì che l'energia fornita sotto forma di calore non può mai essere completamente trasformata in lavoro utile, per esempio per sollevare un peso: una parte dell'energia verrà sempre sprecata. Clausius diede un contributo importante introducendo l'idea di entropia: uno strumento per tenere conto dello spreco generato da ogni processo riguardante il calore. L'intuizione chiave fu che l'entropia non può mai diminuire, e aumenta in quasi tutti i processi. I processi in cui aumenta si chiamano irreversibili, esattamente perché non si possono invertire, diminuendo l'entropia. Lo sviluppo seguente della meccanica statistica di Clausius, Maxwell e Ludwig Boltzmann (tra gli altri), mostrò che l'entropia è una misura del disordine. Di solito, più si maneggia una cosa, più il disordine aumenta. Se si mette in atto un processo per creare ordine, inevitabilmente verrà creata più entropia di quanta ne venga distrutta, magari per mezzo del rilascio di calore. Per esempio, una gru che accatasta delle sbarre d'acciaio allineandole perfettamente crea ordine riguardo alla posizione delle sbarre, ma tutto il lavoro per sollevarle genererà calore, in modo da far aumentare l'entropia totale.

Il punto di vista ottocentesco sulla termodinamica appare più lontano dalla prospettiva della correlazione quantistica di quanto non sia in realtà. Ogni volta che un sistema interagisce con un agente esterno, il suo stato quantistico diventa correlato con lo stato dell'agente esterno. Di solito, questa correlazione causa una maggiore incertezza riguardo allo stato quantistico del sistema, o, in altre parole, un aumento nel numero di stati quantistici ammissibili dal sistema. Il risultato è che l'entropia del sistema (definita in termini del numero di possibili stati quantistici) di solito aumenta, a causa dell'interazione con altri sistemi.

Riassumendo, la meccanica quantistica fornisce un modo nuovo di caratterizzare gli stati dei sistemi fisici in cui certe quantità (come la posizione) diventano difficili da mettere a fuoco, ma altre (per esempio, l'energia) sono spesso note con precisione. Nella correlazione quantistica, due sistemi in linea di principio separati hanno un stato quantistico globale noto con precisione, ma ognuno, singolarmente, ha uno stato quantistico incerto. L'esempio tipico di correlazione quantistica è una coppia di particelle in stato di singoletto, dove non si riesce a sapere quale ha spin verso l'alto, e quale verso il basso. L'incertezza sullo stato quantistico di un sistema di dimensioni considerevoli porta allo studio della termodinamica, in cui proprietà macroscopiche come temperatura ed entropia sono note con buona precisione, nonostante i possibili stati quantistici microscopici del sistema siano moltissimi.

Dopo questa breve divagazione nella meccanica quantistica, nella correlazione quantistica e nella termodinamica, addentriamoci nella descrizione di come si usano questi strumenti per dimostrare che i buchi neri hanno una temperatura. Il primo passo si deve a Bill Unruh, responsabile della scoperta che un osservatore soggetto ad accelerazione, nello spaziotempo piatto, percepisce una temperatura uguale alla sua accelerazione divisa per 2π. Il punto chiave dei calcoli di Unruh è che un osservatore in moto uniformemente accelerato in una certa direzione riesce a vedere solo metà dello spaziotempo. In effetti, l'altra metà è al di là di un orizzonte simile all'orizzonte di un buco nero. Questo non sembra ragionevole, a prima vista. Com'è possibile che lo spaziotempo piatto abbia un orizzonte, come un buco nero? Per capire il ragionamento, mettiamo in campo la nostra squadra di osservatori, Alice, Bob e Bill. I tre si allineano su una retta, con Alice tra Bob e Bill, a sei chilometri da ognuno di loro. Al tempo 0 Alice salirà su un'astronave e inizierà a muoversi verso Bill (quindi allontanandosi da Bob) con accelerazione costante. La sua astronave è molto potente, e riesce a produrre un'accelerazione un trilione e mezzo di volte l'accelerazione di gravità terrestre. Per Alice un'accelerazione del genere non sarà una passeggiata ma, come vedremo, abbiamo scelto questi numeri con un obiettivo ben preciso e, dopo tutto, si tratta solo di una esperimento mentale. Nell'istante in cui Alice parte, Bob e Bill la salutano con la mano. (Possiamo specificare «l'istante in cui parte» perché, prima di iniziare a muoversi, Alice è nello stesso sistema di riferimento di Bob e Bill, e quindi il tempo è lo stesso per tutti). Alice vedrà sicuramente Bill muovere la mano: in realtà, lo vedrà salutare prima, sull'astronave, che se fosse rimasta dov'era, perché l'astronave si muove verso di lui. Al contrario, siccome

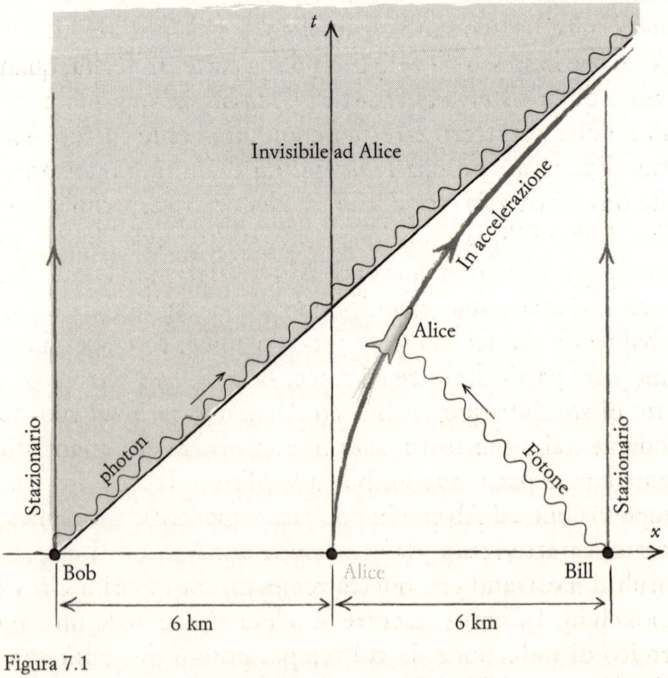

Figura 7.1
Alice accelera partendo da uno stato di quiete, mentre Bob e Bill rimangono stazionari. L'accelerazione di Alice è abbastanza grande da impedirle di ricevere i fotoni che Bob invia verso di lei quando la saluta al tempo $t = 0$. Alice però riceve i fotoni inviati da Bill nello stesso istante. Il punto è che Alice riesce a vedere solo metà dello spaziotempo.

si sta allontanando dalla posizione di Bob, potremmo ragionevolmente concludere che lo vede salutare un po' più tardi. La verità è più sconvolgente: Alice non vedrà mai Bob agitare la mano! In altre parole, i fotoni che Bob trasmette verso Alice mentre la saluta con la mano non la raggiungeranno mai, anche se la sua velocità rimarrà minore di quella della luce. Se Bob fosse posizionato più vicino ad Alice, allora i fotoni che si allontanano da lui nel momento della partenza riuscirebbero a raggiungerla, ma se è più lontano no. È in questo senso che Alice riesce a vedere solo metà dello spaziotempo. Nel momento in cui Alice parte, Bob è appena fuori dall'orizzonte di Alice.

Nel nostro ragionamento sulla correlazione quantistica, ci siamo familiarizzati con l'idea che, anche se un sistema quantomeccanico ha uno stato quantistico globale ben definito, non è detto che lo stesso sia vero di ogni sua parte. In realtà, quando si parla di un sistema quantistico complicato, una sua parte si può a volte caratterizzare più compiutamente in termini di termodinamica, con una temperatura definita, nonostante lo stato quantistico sia molto incerto. Nel nostro esperimento con Alice, Bob e Bill, la situazione è in qualche modo simile, ma il sistema quantistico in questione è lo spaziotempo vuoto. Alice riesce a vederne solo metà. Supponiamo che lo spaziotempo globalmente sia nel suo stato fondamentale, cioè che non esistano altre particelle oltre ad Alice, Bob, Bill e l'astronave. La parte di spaziotempo visibile ad Alice non sarà nel suo stato fondamentale, piuttosto, sarà in stato correlato quantisticamente con la parte non visibile a lei. Preso da solo, lo spaziotempo visibile ad Alice è in uno stato quantistico complicato, incerto, caratterizzato da una temperatura finita. I calcoli di Unruh dimostrano che questa temperatura è pari a circa 60 nanokelvin. In breve, mentre accelera, Alice vede un bagno termico di radiazione, la cui temperatura è (in unità appropriate) la sua accelerazione divisa per 2π.

La cosa fastidiosa del calcolo di Unruh è che, sebbene si riferisca dall'inizio alla fine allo spazio vuoto, viola la massima di Re Lear «da nulla verrà nulla».[2] Com'è possibile che lo spazio vuoto sia tanto complicato? Il fatto è che, nella teoria quantistica, lo spazio vuoto è molto affollato: particelle virtuali, effimere eccitazioni con energia positiva o negativa, sorgono continuamente dal nulla e scompaiono. Un'osservatrice nel lontano futuro, Carol, che vede tutto lo spazio vuoto, può confermare che nessuna particella ha un'esistenza durevole. La presenza di particelle con energia positiva nella parte di spaziotempo visibile ad Alice è legata, mediante correlazione quantistica, con particelle di energia uguale e opposta nella regione di spaziotempo a lei invisibile. Carol percepisce tutta la verità quantistica sullo spaziotempo vuoto, cioè che non ci sono particelle. Ma l'esperienza di Alice è che ci sono.

La temperatura di Unruh sembra un'invenzione, perché non è tanto una proprietà dello spazio, quanto una proprietà di un osservatore che accelera nello spazio. Però, anche la gravità è una «forza inventata» nel senso che l'accelerazione che provoca non è altro che il moto lungo una geodetica in una metrica curva. Come abbiamo spiegato nel capitolo 2, il principio di equivalenza di Einstein afferma che l'accelerazione e la gravitazione sono essenzialmente equivalenti. Da questo punto di vista, non è poi così sorprendente che l'orizzonte di un buco nero abbia una temperatura uguale alla temperatura di Unruh di un osservatore sotto accelerazione. Ma, ci chiediamo, che accelerazione? Se ci si trova in una posizione lontana dal buco nero, la sua attrazione gravitazionale può diventare molto debole. Dovremmo quindi concludere che l'accelerazione è altrettanto piccola, per determinare la temperatura effettiva del buco nero, se la misuriamo da lontano? Questa conclusione non è sostenibile, perché la temperatura di un oggetto non dovrebbe cambiare arbitrariamente: dovrebbe essere la stessa, indipendentemente da quanto è lontano l'osservatore che la misura.

Un punto di vista più vicino allo spirito del ragionamento di Hawking è che dovremmo usare l'accelerazione di un osservatore che staziona vicino all'orizzonte del buco nero e poi modi-

[2] Shakespeare W., *King Lear*, atto I, scena I, 90.

ficare la temperatura corrispondente per rendere conto dello spostamento gravitazionale verso il rosso percepito dall'osservatore. Questa descrizione è la cosa più vicina al calcolo esatto della temperatura di Hawking che riusciremo a dare, quindi esaminiamo i particolari nel caso di un buco nero di Schwarzschild. Consideriamo un osservatore stazionario, cioè posizionato a distanza fissa dall'orizzonte, senza orbitare attorno al buco nero. Per fare questo, l'osservatrice, chiamiamola Anna, deve continuamente spingere verso l'esterno, per esempio usando il potente motore di un'astronave. Se Anna osserva la propria geometria locale, il principio di equivalenza stabilisce che non riuscirà a distinguerla dallo spaziotempo piatto attraverso il quale sta accelerando uniformemente. Più Anna si avvicina all'orizzonte del buco nero, più grande sarà l'accelerazione apparente. Secondo i calcoli di Unruh, Anna percepirà una temperatura uguale alla sua accelerazione diviso 2π. Ci stiamo infilando nello stesso ginepraio di prima: la temperatura percepita dipende dalla posizione. Ciò che ci salva questa volta è che Anna è sottoposta anche a un considerevole spostamento verso il rosso, rispetto a un altro osservatore, chiamiamolo Bart, che resta lontano dal buco nero. (In questo contesto, «lontano» significa a un raggio molte volte più grande del raggio di Schwarzschild). Più Anna si avvicina all'orizzonte, più alta diventa la temperatura di Unruh. Ma al contempo aumenta anche lo spostamento verso il rosso, e quindi, quando la radiazione percepita da lei riesce a uscire dalle grinfie del campo gravitazionale del buco nero e arrivare fino a Bart, sarà a una temperatura sempre uguale, all'avvicinarsi di Anna all'orizzonte. Questa temperatura costante è la temperatura di Hawking moltiplicandola per 2π si ottiene una quantità chiamata «gravità di superficie» del buco nero. La gravità di superficie è l'accelerazione che Alice dovrebbe avere nello spaziotempo piatto per sentire una temperatura di Unruh uguale alla temperatura della radiazione di Hawking misurata da Bart.[3]

[3] La gravità di superficie si può definire e calcolare senza riferimenti alla temperatura, o a effetti quantistici, in termini di variazione spaziale dello spostamento gravitazionale verso il rosso all'avvicinarsi all'orizzonte. Risulta uguale all'accelerazione percepita da un ipotetico osservatore, nella teoria newtoniana della gravità, posizionato sulla

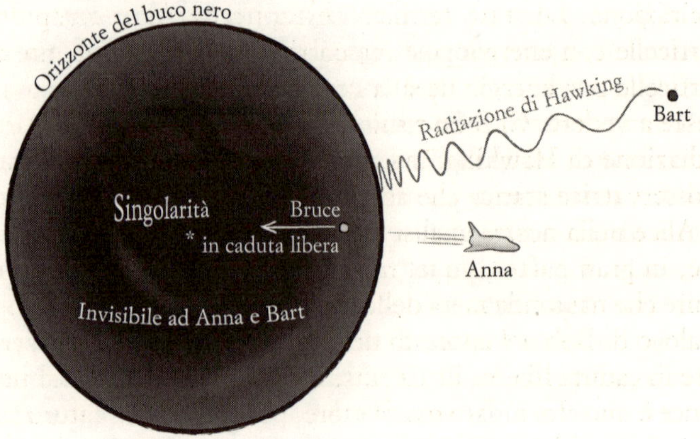

Figura 7.2
Diagramma schematico della radiazione di Hawking. Anna, ferma al di fuori dell'orizzonte, è equivalente a un osservatore accelerato, perché attratta del buco nero. Percepisce la radiazione per una ragione analoga all'effetto di Unruh; questa radiazione è spostata gravitazionalmente verso il rosso, mentre si propaga verso Bart, anch'egli stazionario, ma abbastanza lontano dal buco nero da sentire a malapena la sua attrazione gravitazionale. L'osservatore in caduta dentro il buco nero, Bruce, non percepisce alcuna radiazione di Hawking quando attraversa l'orizzonte.

In precedenza abbiamo detto di aver scelto i numeri del nostro esempio dell'effetto di Unruh per uno scopo ben preciso. Infatti, l'accelerazione di Alice, un trilione e mezzo di volte l'accelerazione gravitazionale terrestre, è pressappoco uguale alla gravità di superficie all'orizzonte di un buco nero di massa uguale al Sole. Quindi, la temperatura di Hawking di questo buco nero è uguale alla temperatura di Unruh percepita da Alice, cioè 60 nanokelvin. Buchi neri più grandi hanno temperature ancora più basse, inversamente proporzionali alla loro massa.

La nostra descrizione della temperatura di Unruh sottolinea il fatto che un osservatore inerziale nel lontano futuro (diciamo Carol) osserverebbe l'intera verità quantistica, cioè: lo stato quantistico dell'intero spaziotempo è il vuoto, senza alcuna

superficie di una sfera con lo stesso raggio e la stessa massa del buco nero, da cui il nome «gravità di superficie».

eccitazione. Lo stato termico percepito da Alice comprende particelle con energia positiva correlate quantisticamente con particelle con energia negativa nella regione di spazio che non riesce a vedere. Ci sono risultati analoghi anche nel caso della radiazione di Hawking, ma con alcune differenze importanti. L'osservatrice statica che abbiamo chiamato Anna è l'analogo di Alice nella nostra analisi dell'effetto di Unruh. Ricordiamo che, in gran parte di quel ragionamento, Bob è dietro l'orizzonte che nasconde metà dello spaziotempo piatto da Alice. Un analogo di Bob nel contesto del buco nero sarebbe un osservatore in caduta libera, Bruce, attirato all'interno del buco nero. Bruce è uno sfortunato osservatore, perché nel suo futuro sicuramente ci sarà una collisione con la singolarità. Però, se il buco nero è molto grande, il suo triste destino non si compirà immediatamente, e ci si può chiedere quali osservazioni riuscirà a fare nel frattempo. La risposta è che non percepirà alcuna temperatura, all'attraversamento dell'orizzonte, a meno che non ci sia radiazione proveniente da qualche altra sorgente. Per lo meno localmente, vicino all'orizzonte del buco nero, Bruce non osserverà alcuna eccitazione quantistica.

La descrizione di Anna e Bart sarà molto diversa da quella di Bruce, perché entrambi vedranno particelle a energia positiva. Così come nel caso dell'effetto di Unruh, le particelle con energia positiva devono essere quantisticamente correlate a particelle con energia negativa all'interno dell'orizzonte del buco nero. Ricordiamo la natura complicata di questo tipo di ragionamenti: Bruce non vede le particelle con energia negativa quando attraversa l'orizzonte; anzi, non vede niente. Le particelle con energia negativa all'interno dell'orizzonte diventano necessarie solo per la coerenza della teoria quantistica, che include le prospettive di Anna e Bart come osservatori esterni. Eppure, queste peculiari eccitazioni hanno un importante ruolo fisico. Servono a diminuire la massa totale del buco nero per compensare l'energia che Anna e Bart vedono fuoriuscire.

Le particelle con energia positiva uscenti e quelle con energia negativa entranti sono in correlazione quantistica e, almeno vicino all'orizzonte, si può sostenere che la correlazione abbia lo scopo di mantenere la coerenza della teoria quantistica tra un osservatore in caduta libera come Bruce e osservatori statici come Anna e Bart. È questa coerenza quantistica dovuta alla correlazione, a produrre l'effetto di Hawking. Quindi, sottigliezza dopo sottigliezza, arriviamo a qualcosa di tangibile: una radiazione di particelle con energia positiva uscente da un buco nero!

Una differenza sostanziale con l'effetto di Unruh è che risulta difficile capire come un osservatore nel lontano futuro possa vedere tutto lo spaziotempo, perché all'interno del buco nero non esiste un lontano futuro e, dall'esterno, l'interno non si vede. Forse, se il buco nero evaporasse completamente, si potrebbe dire che un osservatore che rileva l'intero processo vede l'intera verità quantistica dello spaziotempo. Oppure, forse nessun osservatore può vedere l'intera verità su uno spaziotempo che comprende un buco nero, nel senso che l'informazione sullo stato quantistico è veramente perduta. Il problema di come l'evoluzione quantistica del passato nel futuro possa coesistere con i buchi neri si chiama «paradosso dell'informazione del buco nero», ed è oggetto di discussione, allo stato attuale.

Globalmente, la radiazione di Hawking significa che ci sono particelle che uscendo dal buco nero si spostano verso il rosso, e da lontano sono rilevate come un bagno termico con temperatura uguale alla gravità di superficie del buco nero divisa per 2π. Nel frattempo, la massa del buco nero diminuisce lentamente, o evapora, per compensare l'energia persa nella radiazione. Generazioni di fisici teorici sono rimasti perplessi di fronte alle complicate questioni riguardanti l'esperienza quantistica di osservatori su traiettorie diverse nello spaziotempo comprendente buchi neri, ma, se si resta lontano dal buco nero e se questo è grande abbastanza da non avere il tempo di evaporare completamente, allora si rileva la radiazione alla temperatura di Hawking.

La radiazione di Hawking è la proprietà termodinamica più famosa dei buchi neri. Tuttavia, di uguale importanza è l'entropia di Bekenstein-Hawking, così chiamata in onore di Jacob

Bekenstein e Stephen Hawking. Ricordiamo che l'entropia misura il numero di stati quantistici possibili per un sistema (più precisamente, l'entropia è il logaritmo del numero di stati quantistici possibili). La sua proprietà più importante è che, nei processi fisici, non diminuisce mai, e di solito aumenta. Un'altra proprietà importante è che l'entropia di due sistemi non può essere più grande della somma dell'entropia di ognuno dei due sistemi considerati separatamente. Nella materia ordinaria, di solito si trova che l'entropia di un sistema è uguale alla somma dell'entropia delle sue parti; per esempio, l'entropia di due bicchieri d'acqua a temperatura ambiente è il doppio dell'entropia di un bicchiere d'acqua. Se due sistemi sono in correlazione quantistica, allora il loro stato quantistico globale è noto con precisione, nel qual caso l'entropia globale è nulla, mentre ognuno dei due sistemi può avere entropia positiva.

Nel caso dei buchi neri, l'entropia risulta essere l'area dell'orizzonte divisa per una costante collegata con la forza di gravità. La formula di Bekenstein-Hawking è $S = \frac{A}{4G_N}$, dove G_N è la costante di Newton, che compare anche nelle equazioni di Einstein. Teoremi di relatività generale classica mostrano che l'area totale dell'orizzonte degli eventi deve aumentare in processi come le collisioni di buchi neri. Questo risultato si interpreta come l'analogo, nella teoria dei buchi neri, del secondo principio della termodinamica. È importante sottolineare che questi teoremi sono validi nella teoria classica, cioè senza prendere in considerazione effetti quantistici come la radiazione di Hawking. In verità, la radiazione di Hawking provoca perdita di massa per il buco nero, così che l'area dell'orizzonte degli eventi diminuisce, sebbene tale processo sia estremamente lento.

La formula di Bekenstein-Hawking mostra che i buchi neri sono molto diversi dalla normale materia termodinamica. Infatti, l'entropia della materia ordinaria di solito cresce al crescere del volume; per esempio, i due bicchieri d'acqua di cui abbiamo parlato prima solitamente hanno entropia doppia rispetto a un solo bicchiere. Potremmo anche dire che l'entropia dell'acqua è proporzionale alla massa, perché la massa di due bicchieri d'acqua è il doppio della massa di un bicchiere. La proporzionalità dell'entropia dei buchi neri con l'area dell'orizzonte sembra mostrare che buchi neri molto grandi abbiano molta meno entropia di quanto avremmo ingenuamente potuto pensare basandoci sul loro volume, ma molta di più di quanto ci saremmo aspettati basandoci sulla loro massa. Per vedere come funzionano queste aspettative, consideriamo di fondere insieme due buchi neri, ognuno di massa uguale a quella del Sole. La nostra analisi non sarà precisa, perché ignoreremo l'esplosione di onde gravitazionali uscenti dalla collisione, come abbiamo visto nel capitolo 6. Ignorando questo fenomeno, il buco nero finale ha massa uguale al doppio di ognuno dei buchi neri originari. L'entropia del buco nero risultante è il quadruplo dell'entropia di ognuno dei buchi neri iniziali. Questo è più di quanto ci saremmo aspettati basandoci sulla massa, perché, se l'entropia fosse proporzionale alla massa, il risultato finale sarebbe solo il doppio dell'entropia di ognuno dei buchi neri iniziali. Però, è meno di quanto ci aspetteremmo basandoci sul volume, perché il buco nero risultante racchiude otto volte il volume di uno dei buchi neri originali, ma ha solo quattro volte la sua entropia. La proporzione corretta viene dal considerare l'entropia collegata all'orizzonte stesso, come se si aggiungesse l'equivalente di un qubit di entropia ogni volta che l'orizzonte si ingrandisce di una quantità proporzionale a G_N.

Un'ipotesi straordinaria, dovuta originariamente a Bekenstein, è che i buchi neri abbiano più entropia di qualunque altra forma di materia che occupa la stessa regione di spaziotempo. Una versione semplificata del suo ragionamento è che, se la materia ordinaria, accumulata in una certa regione di spaziotempo, deve avere entropia molto alta, allora la massa deve essere grandissima, tanto da rischiare il collasso gravitazionale. Quando arriva all'entropia di un buco nero, in realtà collassa e diventa proprio un buco nero. In questo senso, il collasso di un buco nero è il fenomeno più disordinato e irreversibile all'Universo.

La teoria delle stringhe offre una giustificazione microscopica per la formula di Bekenstein-Hawking in certi contesti limitati, ma, in generale, non riusciamo a derivare questa formula da principi primi. Tuttavia, Ted Jacobson sostiene che, se si prende per buona la termodinamica dei buchi neri, compresa la formula di Bekenstein-Hawking, insieme con alcune nozioni di base di geometria differenziale, si possono derivare le equazioni di Einstein, che sono al centro della relatività generale. Inoltre, è noto che, se le equazioni di Einstein si modificano mantenendo la loro simmetria, allora la formula di Bekenstein-Hawking cambia, ma i calcoli di Hawking rimangono essenzialmente gli stessi. Quindi, l'entropia del buco nero è considerata uno strumento molto acuto, nella descrizione della dinamica dello spaziotempo. Ma cos'è esattamente l'entropia del buco nero?

Di recente, Juan Maldacena e Leonard Susskind hanno proposto di combinare l'entropia della correlazione quantistica con l'entropia del buco nero. Funziona così. Ricorderete il paradosso EPR, dove due particelle con spin opposto sono correlate quantisticamente e poi separate, e il punto cruciale era che nessuno dei due spin è definito, di per sé, ma le due particelle prese insieme hanno uno stato quantistico ben definito. Ogni particella è un qubit, e ognuna, di per sé, ha un'entropia corrispondente a un qubit. A livello microscopico, forse potremmo immaginare che ognuna di esse sia un buco nero, e che la correlazione quantistica si manifesta geometricamente sotto forma di cunicolo spaziotemporale tra loro. Ci sono due ovvie obiezioni a questa idea. Prima di tutto, un buco nero con entropia corrispondente a un solo qubit è talmente piccolo che la geometria potrebbe non avere significato. In secondo luogo, come abbiamo visto nel capitolo 3, i cunicoli spaziotemporali non si possono attraversare. Per aggirare queste obiezioni, immaginiamo sistemi più grandi, con molti stati quantistici disponibili, e quindi entropia maggiore. Ma consideriamo i due sistemi, uno a disposizione di Alice e l'altro di Bob, ancora quantisticamente correlati, così che il loro stato quantistico globale è perfettamente specificato. In precedenza abbiamo preso delle barre di magnesio puro, come esempio di sistemi più grandi, ma ora vogliamo usare uno stato della materia più esoterico, che collassi in un buco nero dopo qualche tempo. Quindi, Alice e Bob finiranno lontani tra loro, ognuno vicino a un buco nero, e l'entropia di ognuno sarà dovuta in gran parte alla correlazione quantistica tra i due sistemi. La congettura è quindi che un cunicolo spaziotemporale colleghi i due buchi neri e sia la manifestazione geometrica della loro correlazione quantistica.

Come si potrebbe verificare questa congettura? Consideriamo un esperimento mentale in cui Alice e Bob misurano ognuno il proprio sistema. Osservare da vicino un sistema in collasso gravitazionale è molto rischioso, perché l'osservatore rischia di venire risucchiato nel buco nero in formazione. Questo è pericoloso anche da un punto di vista concettuale, perché sembra escludere la possibilità che Alice e Bob possano fare le proprie misurazioni e poi confrontare i risultati per controllare che i sistemi siano effettivamente ancora correlati. Ma un momento! Abbiamo ipotizzato che ci sia un cunicolo spaziotemporale tra i due buchi neri. Alice e Bob potrebbero venire catturati ognuno dal proprio buco nero, ma, a causa del cunicolo, l'interno dei due buchi neri potrebbe essere lo stesso. È impossibile per un osservatore attraversare il cunicolo dal-

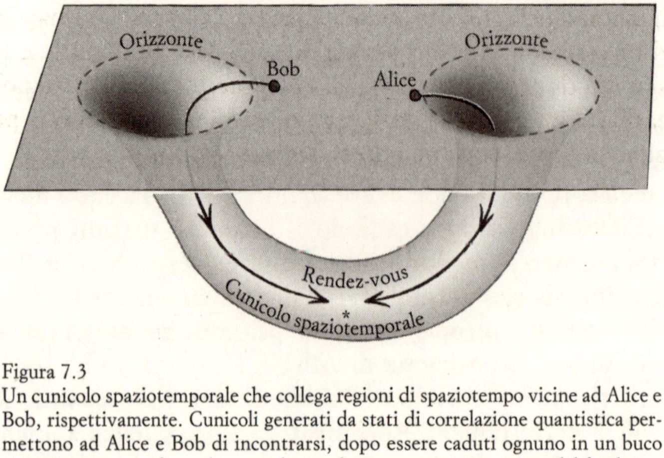

Figura 7.3
Un cunicolo spaziotemporale che collega regioni di spaziotempo vicine ad Alice e Bob, rispettivamente. Cunicoli generati da stati di correlazione quantistica permettono ad Alice e Bob di incontrarsi, dopo essere caduti ognuno in un buco nero. Possono verificare lo stato di correlazione quantistica prima del fatale impatto con la singolarità.

l'esterno di un buco nero all'esterno dell'altro, ma è possibile per due osservatori entrare uno in un buco nero, uno nell'altro, e incontrarsi all'interno. Quindi Alice e Bob potrebbero riuscire a confrontare i risultati. Questo è un punto importante a favore dell'esistenza del cunicolo, perché, se il cunicolo non esistesse, Alice e Bob non potrebbero confrontare i risultati delle loro misurazioni, e il concetto stesso di correlazione quantistica sarebbe in pericolo. Tutto ciò è di ben poco conforto ad Alice e a Bob, che stanno per schiantarsi sulla singolarità. Almeno potranno fare un ultimo esperimento di meccanica quantistica!

Facendo un passo indietro rispetto a questo ragionamento fortemente teorico, possiamo chiederci se ci sia interesse pratico in esperimenti mentali del tipo appena descritto, dove gli osservatori devono finire dentro un buco nero per portare a termine il loro compito. Osservatori al di fuori dell'orizzonte non potranno mai sapere (per lo meno non con mezzi classici) se Alice e Bob si siano incontrati oppure no. Si tratta solo di un esercizio accademico? In generale, la sensazione tra i fisici teorici è che non lo sia. Dobbiamo tenere a mente che l'orizzonte del buco nero è una questione di destino futuro, più che di esperienza momentanea. Noi stessi potremmo stare entrando dentro un buco nero cosmico la cui singolarità futura è più lontana dell'età attuale dell'Universo. Il collasso finale potrebbe essere un destino preferibile all'infinita espansione immaginata da molti cosmologi. Forse una sorta di distruzione creativa alla fine dello spaziotempo stesso aprirà la nostra percezione a prospettive nemmeno ancora sognate.

Epilogo

Noi, che non crediamo ai viaggi nel tempo, e non ci lasciamo affascinare dal misticismo, cosa diremmo ad Albert Einstein, se potessimo scrivergli una lettera raccontandogli della gravità e dei buchi neri? Probabilmente una cosa del genere.

Luglio 2017

Caro Albert,

Prima di tutto, sei il più grande. L'equazione più famosa del mondo è $E = mc^2$. La rivista «Time» ti ha nominato «Persona del secolo». Non raccontiamo più barzellette su di te perché sono troppo trite. Abbiamo tonnellate di armi nucleari, ma non abbiamo ancora fatto saltare in aria il pianeta; di fatto, le bombe atomiche alla fine della Seconda guerra mondiale sono le uniche finora mai lanciate con l'intenzione di uccidere delle persone.

Il nostro interesse nella relatività generale e nei buchi neri è notevole, di questi tempi, perché uno strumento di nome LIGO ha rilevato delle onde gravitazionali da una collisione di buchi neri avvenuta più di un miliardo di anni fa. Abbiamo scritto un libro sui buchi neri, e siccome sappiamo del tuo profondo interesse per la soluzione di Schwarzschild, e dei tuoi dubbi sul suo significato fisico, abbiamo pensato di raccontarti cos'è successo nei sessant'anni e oltre passati dalla tua scomparsa.

Prima di tutto, nella soluzione di Schwarzschild c'è questa cosa chiamata «orizzonte degli eventi»: se si oltrepassa, non si può tornare indietro, se non superando la velocità della luce. Se ricordi bene, la forma della soluzione di Schwarzschild presenta alcune strane caratteristiche quando il raggio diventa uguale alla massa a meno di un fattore comprendente la costante gravitazionale di Newton. In particolare, la parte puramente temporale della metrica sparisce, quella che ora chiamiamo «funzione intervallo temporale». È lì che si trova l'orizzonte degli eventi. La soluzione di Schwarzschild ha anche strane caratteristiche quando il raggio tende a zero, e la nostra spiegazione migliore è che queste caratteristiche indichino una singolarità dello spaziotempo, dove la geometria stessa non funziona più. Se si entra dentro a un buco nero di Schwarzschild, si è destinati a incontrare la singolarità, ma non sappiamo cosa succede dopo; a dire il vero, non sappiamo nemmeno se «dopo» è la parola giusta da usare.

Ci dispiace molto che tu non abbia potuto vedere tutto il lavoro fatto sulla relatività generale nei vent'anni successivi alla tua scomparsa. John Wheeler ne è stato il catalizzatore principale (e lo abbiamo conosciuto! Ha vissuto fino al 2008 e siamo stati a Princeton insieme). Rese famoso il termine «buco nero» per descrivere la soluzione di Schwarzschild e la metrica relativa. Un neozelandese chiamato Roy Kerr trovò una generalizzazione della metrica di Schwarzschild che descrive un buco nero rotante. È una metrica molto complicata! Ed è importante, perché descrive lo stato finale delle stelle che collassano, e hanno sempre momento angolare diverso da zero.

Oggi siamo abbastanza sicuri che nell'Universo ci siano moltissimi buchi neri. Come dicevano Chandrasekhar, Tolman, Oppenheimer e Volkoff negli anni trenta, se si accumula troppa massa, non c'è modo di tenerla su. È difficile arrivare a numeri precisi, ma se restano circa tre masse solari, dopo che la stella ha esaurito il carburante nucleare, collasserà in un buco nero. La cosa ancora più straordinaria è che ci sono buchi neri molto più grandi, al centro delle galassie: la Via Lattea nasconde un buco nero grande circa quattro milioni di masse solari. Non ti stiamo prendendo in giro! Il consenso scientifico oggigiorno è che un gran numero di galassie abbia un buco nero anche più grande al suo centro, forse di dimensioni pari a miliardi di masse solari. Non siamo sicuri come si siano formati questi buchi neri, ma, nel caso della Via Lattea, siamo sicuri della sua esistenza grazie all'osservazione dell'orbita di singole stelle e dell'effetto della gravità su di esse.

Il rilevatore di onde gravitazionali LIGO è spettacolare. È un enorme interferometro di Michelson con bracci di quattro chilometri. LIGO è l'acronimo di *Laser Interferometer Gravitational-Wave Observatory*, cioè «osservatorio di onde gravitazionali a interferometria laser». I laser sono fonti di luce monocromatica, tanto concentrata e potente da poterla usare per fondere il metallo, ma sono talmente a buon mercato che li usiamo per far suonare i dischi, al posto delle puntine. Non abbiamo ancora macchine volanti, ma il laser è davvero una bella cosa. Comunque, LIGO si stava preparando per un giro di prova, quando è arrivata un'onda gravitazionale perfetta, rilevata quasi per caso, che si è riusciti a confrontare con un modello che descrive la fusione di due buchi neri, ognuno di dimensioni pari a 30 masse solari. Ancora una volta, tutti sono rimasti colpiti dalla relatività generale, perché riesce a descrivere la regione con campo gravitazionale fortissimo attorno al buco nero, dove lo spaziotempo viene praticamente fatto a brandelli, e anche le regioni lontanissime, dove le onde gravitazionali non sono che un lievissimo sussurro attraverso lo spaziotempo.

Un'altra delle tue idee che ha portato ottimi frutti è la costante cosmologica. Sebbene tu l'abbia chiamata «la mia più grande cantonata», oggi si pensa che sia presente, sotto forma di piccola correzione alle tue equazioni di campo. È molto importante su grandi lunghezze: gli astronomi non riescono a spiegare l'evoluzione recente dell'Universo in espansione, a meno che un impressionante 70% di tutta la sua energia venga dalla costante cosmologica, o forse da qualcosa che chiamiamo «energia oscura» che comporta in modo molto simile. Invece di mantenere l'Universo statico, come avevi sperato quando introducesti la costante cosmologica per la prima volta (tieniti forte), l'energia oscura lo sta facendo accelerare verso un'espansione esponenziale. In un'altra direzione, la ricerca di una teoria unificata ha portato allo studio di modelli di spaziotempo con costante cosmologica negativa. La relatività generale in cinque dimensioni, con costante cosmologica negativa, si collega naturalmente con la teoria quantistica sul bordo a quattro dimensioni dello spaziotempo. È quasi come se la teoria quantistica fosse una proiezione della relatività generale!

Ora siamo certi che la teoria quantistica è corretta (spiacenti, ma è così). Un fisico inglese di nome Stephen Hawking ha dimostrato che la teoria quantistica implica l'emissione di radiazioni termiche dai buchi neri, sebbene a temperatura molto bassa. I buchi neri hanno anche un'entropia enorme. Una buona notizia è che l'articolo che scrivesti con Podolsky e Rosen è diventato molto importante: gli scienziati stanno addirittura cercando di costruire computer quantistici usando idee tratte da quel lavoro.

Un sacco di professori a Princeton non mettono più la cravatta, ma i calzini li mettiamo quasi tutti. Il lago Carnegie è sempre bellissimo. Non ci sono molte barche, ma c'è un'aquila che fa il nido proprio sulla riva. Non siamo ancora riusciti a scoprire una teoria unificata dei campi, ma ci stiamo provando. Il meglio deve ancora venire.

Cordialmente,
Steve e Frans

Nuovi Saggi Bollati Boringhieri

Seth Fletcher

L'ombra di Einstein

Un buco nero, un gruppo di astronomi
e la sfida per vedere l'invisibile

Il 10 aprile 2019, alle 15:00 ora italiana, Sheperd S. Doeleman ha mostrato al mondo la prima immagine di un buco nero, la stessa riprodotta sulla copertina di questo libro. L'evento è stato seguito col fiato sospeso da milioni di persone in diretta internazionale, destando meraviglia e diventando in breve tempo uno dei post più virali di sempre sui social media. «La foto del secolo», hanno titolato i giornali il giorno appresso: «La teoria di Einstein definitivamente confermata».
Per arrivare a ottenere quell'immagine, un gruppo di centinaia di scienziati ha dovuto lavorare quasi quindici anni, riuscendo infine a mettere in connessione tra loro 10 diversi telescopi ai quattro angoli del pianeta, ottenendo in questo modo un telescopio virtuale grande quanto l'intera Terra. Questo libro è la storia di quell'avventura e la spiegazione del motivo per cui questa immagine ha rivoluzionato in poche ore l'astrofisica e la nostra comprensione dell'universo.
Seth Fletcher ha seguito per anni il lavoro di questo gruppo di visionari dall'interno, condividendo insieme a loro idee, viaggi, notti in bianco, false partenze, le delusioni per gli insuccessi incontrati lungo il cammino e, infine, la gioia infinita del traguardo ottenuto.
Benché recentissima, questa storia è così importante perché dentro a quell'immagine sfocata, già diventata un'icona nell'immaginario collettivo, si coglie forse un vero e proprio miracolo della scienza contemporanea. I buchi neri, oggetti teorici risultati dai calcoli matematici di Einstein, fino a ieri erano solo una possibilità; dal 10 aprile 2019 sappiamo che esistono davvero: li abbiamo letteralmente visti. Fletcher racconta la storia di questa scoperta epocale, la storia di come una teoria di cento anni fa – quella della relatività di Einstein – possa ancora dare frutti meravigliosi e inaspettati indagando le profondità del cosmo.
Con una prosa in presa diretta, Fletcher ci racconta tutta l'emozione di questa avventura, giorno per giorno, nel suo compiersi, e ci regala la gioia di vivere in prima persona uno dei momenti più eccitanti della scienza dell'ultimo secolo.

Bollati Boringhieri

Nuovi Saggi Bollati Boringhieri

Stefan Klein

Il tutto e il niente

Sulla bellezza dell'Universo

Interrogato da un amico artista che gli chiese se uno scienziato, studiando una rosa, non ne uccidesse la bellezza, Richard Feynman rispose che lui riusciva senz'altro a percepirne lo splendore, ma vedeva anche un'altra bellezza, più profonda, rivelata solo dalla comprensione: il fatto, per esempio, che i fiori abbiano assunto colori sgargianti nel corso dell'evoluzione per attirare gli insetti. Una conoscenza più precisa non toglie niente alla bellezza del fiore, anzi dà alla rosa ancora più fascino e mistero.

È proprio dallo stupore e dalla meraviglia quotidiana che proviamo per il mondo intorno a noi che Stefan Klein prende spunto per rivelarci la sorprendente bellezza dell'universo: come può un uragano dall'altra parte del mondo rivelare l'imprevedibilità del clima e del caso? L'irreversibilità del tempo che passa, improvvisamente si manifesta a noi nel colore della barba che va ingrigendosi; un divertente racconto poliziesco riesce a spiegare al meglio i concetti di multiverso e di *entanglement* quantistico; le riflessioni di Einstein sulla luce danno corpo allo spaziotempo; esiste davvero il nulla, l'universo è vuoto o pieno, e cos'è la materia oscura?

Il tutto e il niente trasforma una cosa semplice, come un fiore o un giorno di tempesta, nella chiave per comprendere le idee e le teorie più complesse della fisica del XXI secolo, e Stefan Klein con limpidezza e un tocco di poesia scioglie le complessità del mondo con le sue domande gioiose.

Più conosciamo la realtà, più ci appare misteriosa, ma è solo continuando a interrogarci su di essa che una rosa sarà ancora molto di più di una semplice rosa.

Bollati Boringhieri

Nuovi Saggi Bollati Boringhieri

Michael Brooks

L'astrologo quantistico

Storia e avventure di Girolamo Cardano, matematico, medico e giocatore d'azzardo

Nato, figlio illegittimo, a Pavia, nonostante sua madre avesse tentato con tutti i mezzi di abortirlo, Girolamo Cardano contrae subito la peste dalla sua balia, che ne muore. Lui sopravvive, e non è che l'inizio di una vita avventurosa, blasfema, dotta, geniale, violenta, scapestrata, dissoluta, sfortunata e fortunata, opulenta e misera, a seconda del momento. «Cardano fu un grande uomo con tutti i suoi errori – scrisse di lui Leibniz. – Senza, sarebbe stato ineguagliabile».

Tra le molte cose che gli capiteranno in vita menzioniamo: una salute gravemente malferma, più di una fuga dalla peste, l'impotenza sessuale (poi guarita), la laurea in medicina, la nascita di due figli, la perdita di tutti i suoi averi al gioco (più volte), la morte della moglie, la guarigione del vescovo di Edimburgo, l'invito a fermarsi alle corti di Scozia, Francia e Danimarca, l'arresto per uxoricidio del primo figlio e la di lui decapitazione pubblica a Milano, un contrasto durato dieci anni (con diffamazioni a mezzo stampa internazionale) col matematico Niccolò Tartaglia per via della pubblicazione di una formula algebrica segreta, l'invenzione del calcolo combinatorio, la pubblicazione dell'oroscopo di Gesù, l'arresto da parte dell'Inquisizione... e su questo punto incontriamo Girolamo in carcere a Bologna nel primo capitolo di questo libro eccezionale.

In mezzo a tutto questo bailamme, Cardano aveva inventato molte cose, e tra queste la teoria della probabilità e i numeri complessi. Quattro secoli dopo scopriamo che proprio probabilità e numeri complessi sono fondamentali per descrivere il mondo quantistico.

Michael Brooks riporta in vita per noi questo strano genio rinascimentale e dialogando con lui in prima persona ci insegna le basi della meccanica quantistica, costruendo un libro assolutamente originale e difficile da posare, che non ha eguali nel mondo della divulgazione scientifica.

Bollati Boringhieri

Nuovi Saggi Bollati Boringhieri

James Owen Weatherall

La fisica del nulla

La strana storia dello spazio vuoto

«Perché esiste qualcosa anziché il nulla?» Questa antica domanda, ripresa molte volte nel corso della storia da tanti filosofi e pensatori, ci impone di meditare su quella che sembra essere in assoluto la più profonda di tutte le questioni, la distinzione tra essere e non-essere, tra ciò che esiste e il nulla, il punto da cui tutto il resto deriva.

Nelle mani di un fisico, però, la domanda assume un valore del tutto inaspettato, come si vede leggendo questo splendido, coinvolgente, intenso e breve libro. Per Newton e la sua legge della gravitazione universale era necessario che esistesse a priori uno «spazio», un palcoscenico dentro il quale si potesse sviluppare il dramma della materia e delle sue leggi. Questo spazio era di per sé teoricamente «vuoto» e veniva occupato dai corpi fisici, che vi subivano «forze» precise. Proprio su questo ci fu un famoso e lungo contenzioso tra lui e Leibniz, e da quella polemica nacquero i primi problemi – filosofici e fisici, a un tempo – sul concetto stesso di spazio. Con Maxwell, anni dopo, le cose si fecero ancora più problematiche, dal momento che la nascita del campo elettromagnetico riempiva lo spazio «vuoto» di «qualcosa». Qualcosa che non era l'etere, come inizialmente qualcuno aveva proposto. Le cose peggiorarono radicalmente con Einstein e il suo spazio-tempo curvo, nel quale la trama stessa della realtà si deforma in relazione alle masse presenti; ed è difficile curvare qualcosa che non c'è.

Il colpo di grazia all'idea stessa di vuoto lo ha dato infine la meccanica quantistica, specie con la teoria quantistica dei campi, nella quale il vuoto diventa in effetti un luogo piuttosto vivace. Per quanto strano possa sembrare, insomma, il «nulla» è «qualcosa».

Bollati Boringhieri

Fuori collana

Max Tegmark

L'universo matematico

La ricerca della natura ultima della realtà

Affascinante dalla prima all'ultima pagina, *L'universo matematico* è uno di quei rari esempi di libri divulgativi singolarmente chiari, che contengono una novità rivoluzionaria e originale. Un libro che potrebbe cambiare il destino di una disciplina, ma che interessa quasi tutti i campi del sapere, dalla matematica, alla cosmologia, alla filosofia.
Tutto ha inizio con Galileo, secondo il quale «l'universo è scritto in lingua matematica». Una rivoluzione. Tre secoli dopo, nel 1960, il premio Nobel Eugene Wigner fa un ulteriore passo avanti, interrogandosi sull'«irragionevole efficacia della matematica»: se la matematica è lo studio formale di concetti puramente *astratti*, indipendenti dal pensiero umano, com'è possibile che sia tanto accurata - addirittura perfetta - nel descrivere il mondo *reale*, che è fatto di oggetti materiali?
È qui che entrano in scena Max Tegmark e questo incredibile libro. Se l'ipotesi di una realtà esterna a noi è vera, allora la «teoria del tutto» - la descrizione completa della realtà - deve essere indipendente dal nostro pensiero (visto che noi della realtà facciamo parte), e l'unica cosa completamente svincolata dal pensiero umano è, appunto, la matematica. Dunque, per Tegmark il mondo reale *coincide* con la matematica, non è solo *descritto* dalla matematica, ma è *matematica*.
Con questa idea travolgente, discussa da tempo tra gli specialisti e ora finalmente fissata sulle pagine di questo libro per tutti, Max Tegmark ci conduce attraverso il passato, il presente e il futuro, dall'infinitamente grande all'infinitamente piccolo. Attraverso la fisica, l'astronomia e la matematica ci introduce con una prosa lucida e originale alla sua teoria del «multiverso definitivo». Se ha ragione, da qualche parte, in un altro universo, deve esistere per forza un doppione di noi, in tutto identico a noi, ma che non ha fatto quel terribile sbaglio in gioventù.
Questo libro era atteso da anni. Ora lo abbiamo, e il suo contenuto esplosivo non potrà più essere ignorato.

Bollati Boringhieri